AF577763

ERNST JÜNGER, geboren 1895 in Heidelberg, gilt als einer der wichtigsten deutschen Autoren des 20. Jahrhunderts. Mit seinen Werken »In Stahlgewittern« und »Auf den Marmorklippen« erlangte er Weltruhm. 1982 erhielt er den Goethe-Preis der Stadt Frankfurt am Main. Jünger starb 1998. Sein Gesamtwerk erscheint bei Klett-Cotta.

ALEXANDER PSCHERA, geboren 1964. Promotion in Germanistik, Heidelberg. Zahlreiche journalistische Arbeiten sowie Veröffentlichungen und Übersetzungen zu Léon Bloy, Charles Péguy und Ernst Jünger. Erster Vorsitzender der Ernst- und Friedrich Georg Jünger-Gesellschaft e.V. und Mitherausgeber des Jahrbuchs »Jünger-Debatte«.

ERNST JÜNGER

GEHEIME FESTE

NATUR-BETRACHTUNGEN

Herausgegeben, eingeleitet und kommentiert von Alexander Pschera

KLETT-COTTA

Klett-Cotta
www.klett-cotta.de

Printed in Germany
Cover: ANZINGER UND RASP Kommunikation GmbH, München
Unter Verwendung einer Illustration von © iStock: Para-Graph
Alle Grafiken im Inhalt ©Tom Chalky
Gestaltung und Seitenlayout: Marion Köster Typografik, Stuttgart
Satz: Kösel Media GmbH, Krugzell
Gedruckt und gebunden von Friedrich Pustet GmbH & Co. KG, Regensburg
ISBN 978-3-608-96472-1

INHALT

Ruskin verdanke ich die Maxime: das Ziel der Kunst sei, Gott in der Natur zu sehen. Sie trifft das Fundament der Anschauung und wäre noch stärker unausgesprochen – als Musik oder Meditation.

Ernst Jünger - Siebzig verweht III

Alexander Pschera

EINLEITUNG

DER GRÜNE JÜNGER

Ernst Jünger gilt gemeinhin als »Kriegsschriftsteller«. Doch sein Lebenselement war nicht der Krieg, sondern die Natur. Die beiden Kriege, an denen er teilnahm, waren Ereignisse, denen er nicht ausweichen konnte, die Natur hingegen war ein Raum, den er von früher Jugend an sehnsüchtig aufsuchte. Es gibt kaum eine Seite in Jüngers Werk, in der nicht von Pflanzen, Tieren, Steinen, Fossilien und Landschaften die Rede ist. So war Jüngers Leben ein kontinuierlicher Dialog mit der Schöpfung. Sein Werk ist in großen Teilen ein Niederschlag dieses Zwiegesprächs. Das macht Jünger zu einem der wichtigsten modernen deutschsprachigen Vertreter dessen, was heute als »nature writing« bezeichnet wird. Darüber hinaus übertreibt man nicht, wenn man in Jünger – und auch in seinem Bruder Friedrich Georg – einen Vorreiter ökologischen Denkens sieht. Sehr früh haben beide vor dem Artenrückgang, den negativen Auswirkungen der Technisierung und Globalisierung und vor dem schwindenden Bewusstsein des Menschen für den Wert der Natur gewarnt. Nicht nur, aber auch deswegen ist Ernst Jünger einer der Lieblingsautoren des Grünen-Politikers Joschka Fischer.[1] So führt die

Auseinandersetzung mit dem grünen Jünger ins Innere seines Werks und verdeutlicht die Vielschichtigkeit seines Schreibens und Lebens. Jünger wird auf diese Weise als ein Autor ins Spiel gebracht, der nicht nur eine literarische Tradition fortsetzte, die bis auf Goethe und Humboldt zurückgeht, sondern auch seismographisch jene Veränderungen der Umwelt und der Natur registrierte, die heute in aller Munde sind und die das Schicksal des Planeten bestimmen.

~

Ernst Jüngers Schriftsteller-Bruder Friedrich Georg – im Unterschied zu Ernst, der sich der Entomologie verschrieb, ein leidenschaftlicher Ornithologe – begleitete ihn häufig bei seinen Naturerkundungen. In *Grüne Zweige* berichtet Friedrich Georg von den wilden Exkursionen, die die beiden im Steinhuder Meer unternahmen und die keinem Kind heute so mehr erlaubt wären. Zum einen, weil die rechtlichen Bestimmungen ein freies Schweifen durch die Natur schwierig machen, zum anderen, weil heute vielen Eltern die Haare zu Berge stünden, würden ihre Kinder tagaus, tagein nackt und mit selbst gebastelten Flößen gefährliche Gewässer befahren und dabei Schlangen ködern. Später kamen dann die ausgiebigen Fahrten mit dem »Wandervogel« dazu. Ausgedehnte Urlaube an den verschiedenen Mittelmeerküsten von Dalmatien bis in die Türkei, Aufenthalte auf zahlreichen Inseln, Expeditionen in den südamerikanischen Urwald, in den indonesischen Archipel, nach Japan und ins Innere Afrikas, aber auch in den hohen Norden bildeten den Rahmen für Jüngers »subtile Jagden«, ebendie Exkursionen, bei denen er Käfer der Paläarktis sammelte. Ergebnis dieser Reisen ist eine große Privatsammlung, die viele Forschungsimpulse gab und sogar dazu führte, dass mehrere Insekten nach Jünger benannt wurden. Die Sammlung kann heute im ersten Stock des Jünger-Hauses im oberschwäbischen Wilflingen bestaunt werden. Jünger war neugierig auf alles, was die Natur ihm darbrachte. Auf ausgedehnten Spaziergängen in der oberschwäbischen Feld- und Waldflur, die zu seinen Alltagsritualen gehörten, verhielt er sich nicht anders als im brasilianischen Dschungel. Er beobachtete mit großer Hingabe, ja Zärtlichkeit, das Verhalten der Tiere, studierte den Wechsel der Jahreszeiten und war sich sicher, jeden Tag eine neue Überraschung zu erleben. Er war ein Mensch, dem das Staunen angesichts der Vielfalt der Schöpfung und ihrer geheimen Zusammenhänge zur zweiten Natur geworden war. Jünger war ein staunend Liebender. Der Natur – und auch den Menschen, wenn man genau liest – nähert er sich mit großer Behutsamkeit. Es ist ein liebender Blick, mit dem er die Geschöpfe erfasst. Das äußert sich in leidenschaftlicher Gartenarbeit ebenso wie im sinnlichen Kontakt mit seinen vielen Haustieren: Katzen, Schildkröten, Chamäleons, Wandelnden Blättern, Gottesanbeterinnen, von denen er eine fürsorglich »Klein-Zaches« nannte. Allen gibt er Kosenamen, alle bezieht er in seinen Lebensalltag ein. Selbst die Ameisenkolonien im Garten, denen so mancher Gärtner mit Insektenvertilgungsmittel zu Leibe rücken würde, werden eingemeindet. Liebevoll spricht der Autor von »seinen Ameisen«. Die Liebe zum Konkreten und Lebendigen ist allenthalben zu beobachten: im Dialog mit den Vögeln vor dem winterlichen Fenster, mit dem Meisenpaar, das in seinem Briefkasten nistet, den Jünger daraufhin mit einem Zettel als Warnung für den Briefträger versieht, mit seinen Pflanzen, ja selbst mit den winzigen Staubmilben, die über den Teppich kriechen. Nichts ist unwesentlich. Alles steht miteinander in Verbindung. Jünger ist eine schöne Bestätigung für die »Biophilie«-These von Edward O. Wilson,[2] der zufolge sich der Mensch seiner Natur nach zu allem Lebendigen hingezogen fühlt.

~

Jünger war ausgebildeter Entomologe. Doch seine Perspektive war nicht auf den Mikrokosmos beschränkt. Es waren nicht nur die Insekten, die Jünger interessierten. Reptilien, Fische, Säugetiere, die Flora des jeweiligen Standorts, Wetterphänomene und Gesteinsformationen – sein Blick erfasste die Mannigfaltigkeit der Natur. Selbst im Chaos des Ersten Weltkriegs setzte dieser Blick nicht aus, wenn Jünger beispielsweise mitten in der Schlacht die fossilen Aufschlüsse der Stollenwand betrachtet. Von Anfang an verband sich bei Jünger die Natur mit dem Moment des Abenteuers, das ihm als Kind in den Schriften Stanleys und anderer Expeditionsreisender eingeimpft worden war. Naturkundliches Reiseschrifttum gehörte immer zu seinen bevorzugten Lektüren. Die Wilflinger Bibliothek gibt davon Zeugnis. Der reine Abenteurer erobert die Natur, er nimmt sie in Besitz, danach lässt er sie hinter sich zurück. Das war nicht Jüngers Stil. Der abenteuerliche Impuls kam nie zum Erliegen, darin blieb er immer ein »großes Kind«, doch einmal eingetaucht in die Natur, wurde er sich schnell der Grenzen des Menschen, ja der Grenzen der Individuation bewusst. Ob in der grünen Hölle des Urwalds, in der flirrenden Hitze der Macchia Sardiniens oder Griechenlands oder in den abweisenden Gletscherwelten Islands: Stets war Jünger auf der Suche nach den Säumen, die das menschliche Leben von der Natur trennen, dem geheimen Ursprung der Schöpfung, dem Punkt, an dem das Individuum und die Natur, die es umgibt, konvergieren. Jünger war eben auch immer ein Natur-Mystiker. In diesem Zusammenhang sind auch seine Drogen-Experimente zu betrachten.

~

Zudem war Jünger auch ein ernsthafter Naturwissenschaftler. Sein genauer Blick wurde durch das Studium der Zoologie in Leipzig und Neapel zu einem wissenschaftlichen Betrachten geschärft. Fundierte botanische Kenntnisse eignete sich Jünger im Selbststudium an. Er verfügte über das wissenschaftliche Kategoriensystem, um die Flora, Fauna und Geographie eines konkreten Ortes einordnen zu können. Dazu kam ein profundes Wissen über die Geschichte der Naturphilosophie. Diese intellektuelle Disziplin bildet das Gerüst, das Tragwerk, das Jüngers Naturbetrachtungen selbst dann, wenn sie naturphilosophisch werden, nicht ins Esoterische abgleiten lassen. Ernst Jüngers Verhältnis zur Natur muss also unter einem dreifachen Blickwinkel gesehen werden: In seinen Texten überlagern sich subjektive Wahrnehmung, historische Einordnung und wissenschaftliche Beschreibung der beobachteten Naturphänomene. Sein Vorbild waren die Naturbeschreibungen Goethes, deren Spuren sich in seinem Werk allenthalben finden. Dieser Einfluss verdichtet sich ganz besonders in den Passagen über Natur und Naturphänomene und lässt sich hier mitunter bis in stilistische Eigenheiten nachweisen. Das verbindende Element dieser beiden Autoren ist die Suche nach dem Ausgleich, nach einer Mitte der Existenz, die radikalen Perspektiven nicht zugänglich ist. Mit Goethe, zumal dem späten, verbindet Jünger auch die Einsicht in die Begrenztheit der menschlichen Sprache, die niemals in der Lage ist, das Gesehene so zum Ausdruck zu bringen, wie es im Bewusstsein des Betrachters ankommt. Sprache ist Annäherung, aber in dieser hat es Jünger, wie Goethe vor ihm, weit gebracht.

~

Gott in der Schöpfung zu sehen – diese Idee taucht deutlich erst in den Alterstagebüchern »Siebzig verweht« auf, obwohl es Spuren christlichen Gedankenguts im gesamten Œuvre Jüngers gibt. Aber auch die antike und nordische Mythologie, in denen Jünger bewandert war, liefern ihm Deutungsmuster für das Woher und Wohin des Menschen in der Schöpfung. Letztlich ist es das erlebende Ich des Hier und Jetzt, dem Jüngers Vertrauen gilt, obwohl er metaphysische Zusammenhänge ahnt, die das Ich mit Zeit und Raum verbinden. Allerdings mischen sich im Wandel der Jahreszeiten immer wieder stark melancholische Betrachtungen ein, in denen sich Jünger der Vergeblichkeit und Vergänglichkeit des menschlichen Lebens bewusst wird. Der November war sein besonderer Leidensmonat. »Im November sterben die Lebensmüden, im Februar jene, die dem Leben nicht mehr gewachsen sind«,[3] schreibt er 1979 in sein Tagebuch. Immer dann, wenn sich solche Einbrüche ereignen, dienen Naturbilder als Pforten der Hoffnung, die, ausgehend von der zyklischen Erneuerung alles Geschaffenen, den Blick auf das Überirdische lenken und Jünger die Rückkehr des Menschen in einen Zustand vor der Körperlichkeit in Aussicht stellen. Jünger konvertierte wenige Jahre vor seinem Tod zum katholischen Glauben. Skeptiker sagen, das sei vor allem eine Geste der Zugehörigkeit zur Wilflinger Dorfgemeinschaft gewesen. Wer Jünger genauer liest, sieht, dass dieser Einwurf zu kurz greift. Jünger kam sicherlich nicht über den Katechismus zum Christentum. Aber es ist gut möglich, dass seine allumfassende, mehr als einhundertjährige Naturliebe ihm einen Weg aufzeigte, den Ursprung all dessen zu bekräftigen, dem er sein Leben lang staunend gegenübergestanden war.

~

Die Auswahl der nachfolgenden Texte ist thematisch geordnet. Die Anordnung will den Leser dazu einladen, sich mit Jünger auf Reisen zu begeben und die Natur zu erkunden: erst in kurzen Gängen durch Wald und Feld, dann an die europäischen Küsten, schließlich in ferne Länder, um am Ende im *hortus conclusus* des liebevoll gepflegten Wilflinger Gartens zur Ruhe zu kommen. Damit wird der Lebensweg Jüngers auf doppelte Weise nachgezeichnet: zum einen sein bis ins hohe Alter nie nachlassendes Ausgreifen in fremde Räume, zum anderen aber auch seine zyklische Struktur, die nach langer Abwesenheit immer wieder zum Ausgangspunkt zurückkehrt.

HEIMATORTE, SPAZIERGÄNGE

Seit 1951 lebte Ernst Jünger im oberschwäbischen Wilflingen in der Oberförsterei, dem früheren Forstamt der Stauffenberg'schen Forstverwaltungen, einem Barockbau aus dem Jahre 1728. Sein Leben folgte dort von Anfang an einem eigenen, streng eingehaltenen Rhythmus. Von dort brach er zu ausgedehnten Reisen auf, die ihn ans Mittelmeer und noch südlichere Gefilde führten. Doch diese Reisen in die entferntesten Ecken der Welt bedeuteten keine Abkehr von den heimischen Landschaften und ihrer Natur. Im Gegenteil: Die Erfahrung der Ferne erschloss ihm die Phänomene, die vor seiner Haustür lagen, und umgekehrt. Noch bis ins hohe Alter ging Jünger täglich ausgiebig auf der Feldflur und im Wald spazieren. Seine Alterstagebücher »Siebzig verweht« berichten ausführlich davon. Er folgte dabei immer wieder denselben Pfaden und hatte Fixpunkte in der Landschaft, die er regelmäßig aufsuchte. Schon in der Rehburger Jugend war dies so. Diese Konstanz der Orte war wohl eine der Voraussetzungen für die Genauigkeit der Anschauung. Damit die Natur sich ihm öffnete, bedurfte es der Regelmäßigkeit äußerer Umstände. Umgekehrt gilt aber auch: An jedem Ort, an dem er verweilte, unternahm Jünger Spaziergänge, die ihm die nähere Umgebung erschlossen, die das Fremde zum Eigenen machten.

Das »Weben« ist die allgemeine Bewegung beim Gehen, Schwimmen, Rudern, Lieben, solange Herzschlag und Atmung bestehen.[1] Bei den Organismen beginnt es mit einem einfachen Pulsieren, das sich zum Vibrieren bis zu Konvulsionen steigern kann.

Das Weben könnte auf die erste Spaltung zurückgehen. Sie hat ein Wesen in zwei Qualitäten getrennt. Unmittelbar darauf spüren sie Heimweh nach dem Ursprung, sie suchen sich wieder zu nähern, doch das kann in der Zeit nur als Gleichnis, nur in Andeutungen geschehen. Es wiederholt sich in Licht und Schatten, in Freude und Leid.

Beim Jüngsten Gericht nur eine Frage: »Hast du gewebt?«

Das muß jeder bejahen, und jeder wird absolviert.[2]

~

Als wir von Hannover nach Schwarzenberg[3] gezogen waren – es muß in meinem ersten Schuljahr gewesen sein, ich war noch ein Stadtkind – führte mich die Mutter auf einen nahen Berg, den Roggelmann [sic].[4] Dort war eine Wiese mit vielen Blumen; ich kroch zwischen ihnen im Grase umher. Die Mutter nannte mir die Namen, von denen ich nur einen behalten habe: das Stiefmütterchen. Es hatte mich angeblickt.[5]

~

Nahe dem Rehburger Hause[6] lag der Mühlberg, einer der Plätze, die wir am liebsten heimsuchten. Er trug seinen Namen nach einer Mühle, die vor Jahren einem Brand zum Opfer gefallen war. Ihre Ruine hatte sich erhalten, sie diente uns zu gewagten Besteigungen. Ein freier Platz umgab sie; er war von Dickichten umrahmt.

Dieser nahe und doch entlegene Ort war das erste Stück freier Natur, mit dem wir, aus der Großstadt kommend, vertraut wurden. Es war ein Revier, wie Brehm es der Zauneidechse zuschreibt, denn nach ihm werden »Abhänge sonniger Hügel, namentlich solcher, welche mit krüppelhaftem Buschwerk bestanden sind«, von diesem Tier bevorzugt, und in der Tat begegnete ich ihm dort bereits auf meinem ersten Gang.

Es war ein schönes, sattgrünes Männchen, das auf der braunen Rinde eines Kiefernstammes saß. Zuerst glaubte ich, daß ich mich getäuscht hätte. Solche Geschöpfe gehörten wie die Papageien zu den Schaustücken der Zoologischen Gärten; es konnte nicht sein, daß man ihnen hier und am Alltag begegnete. Doch blieb kein Zweifel an der Gegenwart des wunderbaren Wesens, das wie eine Agraffe an den Stamm geheftet war. Wenn es den Kopf bewegte, fächerten sich die Schuppen an seinem Hals. Es hielt sich flach ausgedehnt, um die Sonne besser zu genießen, die Flanken hoben und senkten sich: es atmete.[7]

~

Wir waren wie gewöhnlich spät aus der Schule gekommen und standen auf dem oberen Rand der Grube; zu unseren Füßen flogen die Schwalben aus und ein. Die Nester mußten dicht unter dem Rasen liegen; wir hörten durch das Gras ein sanftes Zirren, und wenn wir auf die Erde stampften, flogen die Pärchen heraus.

Vom Grund der Grube aus war das Treiben entfernter, dafür sahen wir die weißen Brüste aufleuchten. Noch schien die Sonne; ich mußte öfters, um die Augen von der Blendung zu erholen, zu Boden schauen. Dort lagen Kiesel, auf denen sich moosartige Muster ausgesintert hatten, zwischen Flächen aus festgetretenem Sand.

Einmal, als ich wieder hinunterblickte, schien es mir, als ob etwas schnell anflöge und verschwände – es mochte aber auch ein Nachbild der Schwalben gewesen sein, das sich abzeichnete. Indessen wiederholte sich das Phänomen. Da war etwas Neues, schwer zu Erkennendes, ein Schattenspiel, vielleicht ein Augentrug. Das Wesen, das sich dort über den Grund bewegte, schien schwerelos zu sein. Es kam wie ein Pfeil, huschte zwei, drei Armlängen weit über den Boden und schoß wieder davon. Nun waren es mehrere, ein ganzer Schwarm. Ich sah etwas Blitzendes, eine Ahnung von Purpur und Gold, und auch etwas anderes, das mit dem hellbraunen Sandgrund verschmolz. Aber sowie ich mich rührte, löste es sich auf wie ein Hauch in der Luft. Offenbar bewirkte schon die Bewegung meines Schattens diese Flucht.

Vielleicht war das Ganze auch nur eine Täuschung, ein Blendwerk nach einem von Bildern erfüllten Tag. Das war mir öfters begegnet; erst neulich war ich einem Schwarm von Goldammern gefolgt, bis er sich in eine Handvoll dürrer Blätter verwandelt hatte, die der Wind vorübertrieb. Und mit der Ermüdung nahmen solche Verwandlungen zu.

Ohne ein wenig Glück würde ich das Vexierbild kaum gelöst haben. Aber indem ich auf dem Fleck verharrte und das Belebte vom Unbelebten zu sondern suchte, landete einer dieser Schatten in meinem Blickfeld – zwar nur für einen Augenblick, doch der genügte, um zu erkennen, daß hier ein reales Wesen seine Spiele trieb. War es eine prächtige Fliege, war es eine bunte Wespe oder gar ein Käfer – dann mußte er sich von allen seinesgleichen unterscheiden, die ich bislang erblickt hatte. Ich muß zugeben, daß diese letzte Möglichkeit mich vor allem ergötzte – das änderte gewiß nichts an dem Tier und seiner Schönheit, wohl aber war es das Zeichen einer Neigung, die bereits gewählt und damit auch sich beschränkt hatte.

Wie gesagt, währte die Begegnung nur einen Augenblick, allein der Funke zündete. Ebenso überraschend, wie das Inbild erschienen war, verschwand es; in beiden Bewegungen verbanden sich Leichtigkeit und Kraft: zunächst ein Davonschießen auf ebener Erde, fast unsichtbar schwebend, und dann mit einer zarten Explosion von bunten Metallen die Ablösung.

Ein Gast aus dem Wunderland; ich mußte seiner habhaft werden, mußte ihm nacheilen. Er schien sich in gerader Richtung zu bewegen, denn wenn ich ihr folgte, spürte ich ihn wieder auf – freilich vergeblich, denn er erhob sich wieder, ehe ich ihn erreicht hatte. Im Rennlauf wäre es mir gelungen, doch in den Flugstrecken schlug er mich mühelos. Zwar merkte ich, daß die Sprünge allmählich kürzer wurden, doch erlahmte in gleichem Maße meine Ausdauer. So eilte ich hinter dem Wild her wie Achilles hinter der Schildkröte. Dann ging die Sonne unter, und die Tiere verschwanden mit dem letzten Strahl. Das Spiel war aus. Doch setzte es sich in den Träumen fort, als ein vergebliches Haschen nach etwas Köstlichem.

Kaum konnte ich erwarten, daß der Tag anbrach. Daß es ein Werktag war, kümmerte mich wenig; die Schule mußte ausfallen. Gewöhnlich standen wir kurz vor sechs auf und kamen kurz vor vier Uhr nachmittags wieder; wir fuhren mit der Bahn nach Wunstorf hin und zurück. Das war eine lange Zeit, und daher hatte sich als Lizenz herausgebildet, daß wir hin und wieder den Zug verpassen durften; es galt als Entschuldigung. Nur durften wir nicht zu oft davon Gebrauch machen, sonst nahm uns der Direktor ins Gebet. Meist hatten wir auch einen besonderen Anlaß: im Walde waren die Beeren oder die Pilze gut geraten, oder wir planten eine Expedition. Expeditionen waren im Gegensatz zu den kurzen Gängen Ausflüge nach Punkten, die uns nur von der Karte oder gerüchtweise bekannt waren. Wir suchten uns dann im Dickicht oder im Schilf zu bewegen, wie wir es bei Stanley gelesen hatten, dessen »Durch den dunklen Erdteil« zu den Büchern gehörte, die wir wieder von vorn begannen, wenn die letzte Seite gewendet war.

Der Zug durfte nicht einfach versäumt, er mußte haarscharf verpaßt werden. Die Bezeugung des guten Willens durch einen vergeblichen Dauerlauf gehörte zu den Spielregeln. Es kam freilich vor, daß ich schon statt der Bücher das Angelzeug dabei hatte und gleich vom Bahnhof aus einen der Feldwege zum Meerbach einschlug.

Eines Morgens entsinne ich mich besonders; das Wetter war schwül und grau. Ich hatte mich auf die geländerlose Brücke gesetzt, die damals dieses träge Gewässer überquerte, das den Überfluß des Steinhuder Meeres zur Weser führt. Das Wasser war schwer wie Blei; es schien, als ob die Schilfstengel aus Löchern emporwüchsen, die durch seinen Spiegel gebohrt waren. Bleiche Eintagsfliegen schwebten darüber hin. Ich fing eine davon und zog sie an die Angel – noch hatte ich nicht eingetaucht, als ein silberner Fisch an ihr zappelte. Das wiederholte sich mit jedem Wurfe; es kamen breite Weißfische, stachlige Barsche und Zander aus der Tiefe hervor.

Bald hätte ich die Last nicht mehr tragen können; endlich warf ich nicht nur die Überzahl, sondern den ganzen Fang ins Wasser zurück. Hier ging es nicht mehr um Beute, sondern um ein webendes Hin und Her mit den Eintagsfliegen und den silbernen Fischen, die ich aus dem Wasser wie aus einer dunklen Truhe hob – das muß ich gefühlt haben. Es war kein Zufall, auch kein Glück mehr, und kaum noch Wahrnehmung. Es war, als hätte mich ein Maler mit derselben Farbe, mit der gleichen grauen Paste ins Bild gemalt. Das Schilf am flachen Ufer, das stille Wasser, die moorige Luft, der Reiher, der am Meere fischte – wir waren alle in dieses Bild gebannt.

Doch ich will in die Sandgrube zurückkehren. Am nächsten Vormittag war ich wieder dort mit einem Netz aus grüner Gaze und meiner mit Papierschnitzeln gefüllten Fangflasche. Der an ihren Kork geheftete Wattebausch war »geladen« – das heißt, mit Äther betropft.

Meine Erwartung sollte nicht enttäuscht werden; das wunderliche Treiben war eher noch lebhafter als am Vorabend. Wolken von bunten Funken sprühten auf. Jetzt war ich ihnen überlegen und hatte bald die Art erfaßt, auf die ihnen beizukommen war. Eines der Tiere im Auge behaltend, folgte ich ihm so, daß mein Schatten hinter mir blieb. Es wiederzufinden, war schwierig, da der Umriß mit dem Boden verschmolz. Doch meist verriet es sich durch kurze, ruckhafte Bewegungen und war gefangen, falls es nicht aufflog, während das Netz noch in der Luft schwebte. So hatte ich bald eine kleine Strecke im Glas.

Zu Haus kam dann die gründliche Betrachtung, deren Genuß sich dadurch noch erhöhte, daß mir wirklich ein Käfer ins Garn gegangen war, wie ich schon draußen, während ich die Beute aus dem Netz nahm, erkannt hatte. Die Schönheit des Tieres war bestürzend; ich konnte mich nicht satt an ihm sehen.

Als wir abends am Tisch beisammen saßen, rühmte ich mich in meiner Entdeckerfreude, daß ich ein neues Tier, eine unbekannte Spezies, erhascht hätte. Da würde eine Beschreibung fällig sein.

Es war wohl nicht sehr pädagogisch vom Vater, daß er solche Überheblichkeiten gern hörte. Indessen wiegte er doch den Kopf und meinte: »Da sollte man vorher die Literatur zu Rate ziehen.«

Das war nicht schwierig, denn damals war gerade der erste der fünf Bände der Reitterschen »Fauna Germanica«[8] erschienen, eines Werkes, das ich noch heut benutze und schon mehrere Male neu angeschafft habe, wenn es völlig zerfledert war. Mich in Bestimmungstabellen zurechtzufinden, hatte ich schon in der Botanik gelernt und auch den Genuß erfaßt, der mit dieser Form der Enträtselung verbunden ist.

So konnte ich nach einigem Kopfzerbrechen ermitteln, daß ich ein wohlbekanntes Tier erbeutet hatte: die bereits in Linne's Natursystem von 1758 aufgeführte Cicindela hybrida. Der Kaiserliche Rat Reitter bemerkt dazu: »Im ganzen Faunengebiet, sowohl in der Ebene als auch im Vorgebirge, besonders auch an den steinigen Ufern der Flüsse, oft sehr zahlreich.«

Das war meine erste Begegnung mit der Gattung Cicindela.[9] Sie führte zu einer Enttäuschung: schon viele Augen hatten das Wunder geschaut, das ich für einzig gehalten hatte, es war überall und alltäglich zu sehen. Ich hatte vorschnell geurteilt und war belehrt worden. Immerhin war mein Anspruch nicht ganz unbegründet: mein Eigentum war das Tier geworden, bevor ich den Namen gekannt hatte. Ich hatte es mit Lust herausgehoben aus der Lichtwelt, in deren Schimmer es verflochten war.[10]

Abends nahm ich den Spazierstock aus der Ecke und wanderte die schmalen Feldwege entlang, die ihre Bogen durch die hügelige Landschaft schlangen. Die verrotteten Felder trugen Blumen von heißerem und wilderem Geruch. Zuweilen standen einzelne Bäume am Weg, unter denen im Frieden der Landmann gerastet haben mochte, weiß, rosa oder dunkelrot überblüht, zauberhafte Erscheinungen inmitten der Einsamkeit. Der Krieg hatte dem Bilde dieser Landschaft, ohne seine Lieblichkeit zu zerstören, heroische und schwermütige Lichter aufgesetzt; der blühende Überfluß wirkte betäubender und strahlender als sonst.[11]

~

Abgesehen von einer Woche Barfrost[12] war der Winter bislang mild, noch fiel kein Schnee. Als ich heut im Betzenhart[13] meine Ameisen besuchte, schien die Sonne vom wolkenlosen Himmel auf einen Wildrosenstrauch am Waldrande. Die Hagebutten leuchteten. Ein Schwarm von Goldammern flog sie an.[14]

~

Scharfer Frost bei klarem Himmel; die Sonne scheint warm. Erstes Sonnenbad in der Kiesgrube. Ich ziele mit Steinen gegen die Steilwand, deren Gefüge der Frost lockerte und das die Sonne auftaut; Lawinen stürzen herab.

Bald nahen die Februartage; sie haben es in sich – der Saft steigt in den Bäumen, auch unter dem Boden geschieht mancherlei. Anders im November; da keimt es noch in der Erde vorm Winterschlaf.

Im November sterben die Lebensmüden, im Februar jene, die dem Leben nicht mehr gewachsen sind. Die Flamme verglimmt oder versprüht.[15]

~

Sonntag Invocavit. (Et ego exaudiam eum?)[16]

Frost. Wenn die Sonne scheint, und sei es auch nur durch einen Schleier von Hochnebel, wähle ich den Gang durch die

Feldflur, der um das Hofwäldle führt. Ein junger Fichtenbestand ist an den Rändern verkrautet und von einigen Überhaltern[17] durchsetzt. Trotz seiner geringen Fläche beherbergt er Pilze, Pflanzen und Tiere verschiedenster Art.

Ein Vögelchen bewegte sich munter zwischen dem dürren Gras und den Zweigen, die fast den Boden berührten; ich hielt es für einen Grünfinken. Als es mir aber gelang, das Tierchen für einen Augenblick mit dem Glas zu erfassen, erkannte ich es an seinem safrangelben Scheitel als das Winter-Goldhähnchen. Ein alter und lieber Bekannter, obwohl ich ihm selten begegnet bin. Besonders erinnert es mich an einen Wald oberhalb von Brixen, wo ein Schwarm die kahlen Lärchenzweige abkleibte. Damals hörte ich auch seine Stimme, ein Gewisper – Heinrich Seidel, der Dichter des »Leberecht Hühnchen«,[18] fand sie »zierlich wie gesponnenes Glas«.[19]

Rundgang bei guter Sonne. Der Weiher ist noch gefroren, der Friedhof unter Schnee, der Garten hingegen zum großen Teil davon befreit. Ein Pulk von Winterlingen steht in voller Blüte als einziger weit und breit. Er sprießt am Fuß einer Himbeerstaude, als ob sie ihn gewärmt hätte. Handbreite Flächen sind von grünen Härchen beflaumt. Das ist Krokus – nicht aus Zwiebel, sondern versamt.

Als Morgengast vorm Fenster ein Star im Hochzeitskleid; ich habe es zum ersten Mal in solcher Nähe gesehen. Die Federn bewegten sich und blitzten wie eine Brünne, der durch einen Hauch von Öl Hochglanz verliehen worden war.

Häufig kommt jetzt der Dompfaff; er fällt in Gesellschaften ein. Der Schnee steht ihm besonders gut. Der Zeisig bevölkert Stauffenbergs Linde[20] – vielleicht schon auf dem Rückzug in nördliche Gegenden.[21]

~

Immer noch ungewöhnlich kalt. Ich fuhr in die Stadt, um Liselotte[22] abzuholen, die aus Salzburg von den Musikwochen kommt. Bei Windstille markiert sich der Frost sehr deutlich – so waren die Bäume des Teutschbuchs[23] nur an den Gipfeln bereift. Die thermische Grenze war wie mit dem Lineal gezogen – darüber die Häupter, leicht schamponiert.

Der Bodensee ist überfroren: die Schwimmvögel schwärmen ins Umland, eisfreien Gewässern zu. Auch von der Riedlinger Donaubrücke sah ich die Enten rudern und die Bleßhühner gründeln, zwischen ihnen als heraldischen Gast einen Schwan.[24]

~

Mehr noch als der Winter ist der Frühling zu überwinden – der Saft steigt aus den Wurzeln in die Zweige, und in die alten Schläuche der Arterien der neue Wein.[25]

~

In den Nächten ist es noch kühl, trotzdem läuten die Unken in den Waldteichen. Aus den Erlenbüschen schnurrt das jähe, automatische Kollern der Fasanenhähne, und in den Schilfgürteln ertönt das Flattern der Enten und das hörnerne Quäken der Teichhühner. Auch fischen graue Reiher auf den Sandbänken. Ganz nahe meiner Hütte hält eine Häsin zwei Junge im Nest, die sie bei rauhem Winde unter Blättern verscharrt.[26]

~

Ein wenig wärmer. Der Winter war lang, mit Rückfällen. An den Lehmrändern der Feldwege strahlt in Gruppen der Huflattich – in jedem Frühling der Erste, der erwacht. Am Holzbach entlang. Stare im Hochzeitskleid, die Goldammer noch lebhafter als vor kurzem leuchtend, Elstern fliegen zum Nestbau in die Wipfel, aus dem Schilf streicht ein Erpel auf.[27]

~

Vorfrühling. Im Garten regt es sich nur allmählich, noch nicht einmal die Hasel wallte auf.

Aber die Ameisen haben bemerkt, daß sich heut etwas gewendet hat. Ich besuchte ihre Burgen am Betzenhart. Aus zweien quollen sie heraus – nicht etwa in Fäden, sondern in Masse, als ob ein unter dem braunen Hügel verborgenes Tier sein dunkles, wallendes Fell zeigte. Auf einem dritten hatten sie sich bereits zu einem Umhang verteilt. Das rote Halsschild der Einzelwesen ist im Gewimmel nicht zu erkennen, doch wirkt es wie eine Infusion auf dessen Tönung ein.[28]

~

Wenn nach einem der ersten warmen Tage ein Märzabend heraufdämmert, entsteigt den Furchen eines vor einigen Wochen gedüngten Ackerfeldes ein Brodem von ungeheuerlicher Kraft. Die Elemente setzen sich zusammen aus einem höchst verdichteten tierischen Dunst, den die Verwesung unterstreicht, sodann aber aus dem heraufgärenden Leben in seiner Legionen von Keimen regenden Fruchtbarkeit. Das ist eine Witterung, in der Melancholie und Übermut verschmelzen und die schwach in den Kniekehlen macht. Es ist die radikale

Brunst der Erde und ihres Schoßes, der terra cruda nuda,[29] der jeder Blumenduft entstammt. In ihm wohnt auch Gesundheit, Lebenskraft unmittelbar, und nicht zu Unrecht empfahlen die alten Ärzte bei zehrenden Leiden das Schlafen in Kuhställen.[30]

~

Der Winter war lang gewesen; wir hatten bis tief in den März hinein Frost gehabt. Nun, Anfang April, wurde es über Nacht sommerlich warm. Das sind dann wahre Auferstehungstage für das im Boden schlummernde Leben; es steigt in Wolken aus der Erde empor. Wir sahen die Schwärme über den gepflügten Feldern, den Weihern und Heidewegen; Myriaden von zarten Flügeln blinkten in der Luft. Auch Falter waren schon erwacht – ein gelber Buttervogel, ein rotbrauner Fuchs. Wir kannten sie seit der frühesten Kindheit als erste Frühlingsboten, doch heute sahen wir mehr, als die Augen bewältigten.

Der Feldweg, dem wir folgten, war mit Moos bewachsen; nur in einer Doppelspur, die das Fuhrwerk eingeschnitten hatte,

leuchtete der Heidesand. Sie wirkte als Falle, als Fanggraben für die dem Boden entsteigenden oder aus der Luft wieder landenden Scharen und für uns als Fundgrube. Mit wachsendem Staunen sah ich die Farben, sah die Formen der Geschöpfe, die sich dort im Staube mühten und die ich noch nie beachtet, nie wahrgenommen hatte – jedes war neu für mich, nicht nur als Einzelwesen, sondern neu in seiner Art. Sie suchten dort den Hang aus weißem Sand zu zwingen, von dem sie sich scharf abzeichneten – Tiere in allen Größen, denn auch mein Urteil über das, was groß und was klein war, veränderte sich nun auf wunderliche Art. Es war fast, als ob ich diesen Weg mit der Lupe betrachtete.[31]

~

Immer noch grau, feucht und kühl. Nicht einmal Aprilwetter. Auf dem täglichen Gang um die Kiesgrube besuchte ich wieder einmal meine Lasius-Kolonie,[32] die sich dort unter einem flachen Ziegel eingerichtet hat. Wenn ich ihn abhebe, beginnt darunter ein gelbes Gewimmel, als ob Chinesen den Markusplatz bevölkerten. Besorgte Ammen schleppen bleiche Säuglinge davon.

Darunter vereinzelt der Keulenkäfer: Claviger.[33] Ich erkenne ihn am bedächtigen Schritt, mit dem er sich im Getümmel bewegt, als ob es ihn nichts anginge. Er ist es gerade, dem ich nachstelle.[34]

~

Einsamer Wald- und Wasserrundgang bei dichtem Nebel und milder Luft. Am Ufer von Suresnes verweilte ich an einer Stelle, an der ein Ausguß die Seine trübte und an der ich ein halbes Dutzend Angler versammelt fand. Sie zogen rote Maden auf ihre Haken und schnellten silbrige Fischlein von Sardinengröße mit stahlblau geschupptem Rücken aus der Flut.[35]

~

Bei schrägerer Sonne machte ich einen Gang durch die Felder – wir sind hier im alten Herzogtum Berry, das mir sehr gefällt. Die Bebauung ist merkwürdig: große Weiden, spärliche Felder – alle durch hohe Hecken eingefaßt, aus denen starke Eichen, Apfelbäume, Pappeln und Edelkastanien mit ihren weißen Blütenschnüren aufragen. Die Wege ziehen sich schattig als dichte Laubengänge hin, doch auf den Hügeln gewinnt man Übersicht. So bietet das Land zugleich eine offene und eine labyrinthische Seite dar.[36]

~

Vorm Essen tat ich einen kurzen Gang durch die Felder, während dessen ich vor einer verlassenen Scheune zwei Haubenlerchen betrachtete.

Gedanke: Man müßte auf Reisen warm abgedichtet sein wie diese Vögel durch ihr Federkleid. Wie oft beneidete ich sie schon, wenn ich sie im verschneiten Walde einsam, doch nicht verlassen auf ihrem Zweige sitzen sah. Wie ihnen das Gefieder, so ist uns die seelische Aura verliehen, die uns vor dem Verlust der Wärme schützt. Sie festigt und erhält der Mensch sich durch Gebete, die schon aus diesem Grunde unschätzbar für ihn sind.[37]

~

Nachmittags im Moor. Ganz nah, aus einem schmalen Graben, flatterte ein Entenpärchen auf und schlug einen Kreis um mich. Der Erpel im Hochzeitsstaat, mit der Locke am Bürzel, die ihm etwas vom verwegenen Burschen gibt, und dem seidig metallgrün schillernden Hals. Sehr schön die Stellen, an denen diese Farbe in ein üppiges und ganz weiches Schwarz hinüberspielt; dieses Schwarz ist ein Grün in höchster Potenz. Ich stelle es mir als ein Tintenpulver vor, das in der Lösung große Mengen einer herrlich grünen Tinktur ergibt.[38]

~

Im Moor. Ich hörte den Kuckuck, den mantischen Rufer, zum ersten Male, während ich Geld im Überfluß bei mir trug. Der Schinken aber ist nicht nur angeschnitten, sondern schon fast verzehrt. Das zeigt ganz gut die Lage der Dinge in diesem Jahr.

Ich nahm an einem Torfstich ein Sonnenbad. Die Farbe der alten, durch den Spaten ausgeschnittenen Wände steigt vom fetten Schwarz zu einem mürben Goldbraun auf. Dicht über dem Wasserspiegel zieht sich ein moosiges Band entlang, darauf der Sonnentau als rote Stickerei. Schön und notwendig ordnet sich das zu. Gedanke: Dies ist nur einer der unzähligen Aspekte, nur einer der Schnitte durch die Harmonie der Welt. Wir müssen durch die Gebilde schauen auf die Gestaltungskraft.

Wie festlich schreitet es sich auf dem feuchten, rötlich durchstrahlten Torf. Man wandelt auf Schichten von reinem Lebensstoff, kostbarer als Gold. Das Moor ist Urlandschaft und birgt damit sowohl Gesundheit als Freiheit; wie herrlich spürte ich das in den nordischen Einöden.[39]

~

Am Moordamm sah ich eine Schlange im Ried verschwinden, die sich bei der Verfolgung am Fuß einer Birke zusammenrollte und ein Stöckchen, das ich ihr vorhielt, anzischte. Es war eine sammetbraune Kreuzotter von so zauberhafter Regung, daß vor dem geistigen Eindruck ihres Gleitens der körperliche ganz verschwand. Der Anblick eines solchen lebendigen Geschmeides schließt einen starken Angriff auf das Bewußtsein ein.[40]

~

Im Wald bei der Winkelwiese auf Exkursion. Obwohl es wolkenlos und warm war, fand ich die Luft noch unbelebt. Der Ostwind trug Schuld daran. Im Sonnenglanz zeigten die noch kahlen Bäume etwas Erwartungsvolles; sie standen feierlich wie die glatten Säulen eines Domes, in dem man auf eine Stimme wartet, die »Auferstanden« sprechen wird. Es konnte kein Zweifel daran sein.

Gedanke dort: Die Unzahl der Welten, und die Unzahl der Erscheinungen in jeder, leben auf Kosten der Substanz, doch zehren sie kaum daran. Das Sein bleibt stets das gleiche, wie viel Erscheinung sich auch davon abzweige. Es könnten noch Billionen Welten zu den bestehenden hinzu treten; das würde nicht mehr bedeuten, als würden neue Spiegel aufgestellt.[41]

~

Wenn ich mich morgens rasiere und den Schaum durch den Ausguß fließen sehe, muß ich an meine Mitschuld an der Verschmutzung der Gewässer denken: so beginnt der Tag.[42]

~

Nachmittags gegraben: die frühen Früchte räumen schon das Beet. Dann mit dem Rad in die einsamen Wälder um Oldhorst. Die alten Wacholder regen besonders zum Träumen an. Dort liegen die Jagdgründe von Hermann Löns.[43] Heut hätte er sich gewiß an der Haubenmeise ergötzt, die in einer Kieferndickung auf höchst zierliche Weise die Zweige abkleibte. Das Tierchen wird auch, des kronenförmigen Schopfes wegen, der Meisenkönig genannt. Es ist etwas vom lieblichen Übermut des Schwachen in seiner hochgefiederten Frisur.[44]

~

Nachmittags im Wald. Der Wechsel vom rauhen Wetter zur sommerlichen Wärme war berauschend – Gedanken flogen an wie die Vögel, die sich in den Lichtungen tummelten. Ich machte mir auf einem Baumstumpf und auch im Gehen einige Notizen, während ich das meiste ohne Zoll passieren ließ.[45]

~

Gestern Geburtstag, heute Osterspaziergang bei rauhem Wind. Ich glaubte die erste Schwalbe zu sehen.

Die Haselkätzchen sind seit einigen Tagen wollig, in gelbem Pastell. Gerade bei Windstille scheinen diese Raupen mit einer sanften, die Bestäubung verkündenden Kraft geladen – ein Hauch, und eine gelbe Wolke hebt sich ab.

Die Buschwindröschen sind noch ohne Blüten, doch sie kräuseln sich in lebendigem Grün aus Herbstlaub hervor.[46]

~

Osterspaziergang. Die braunen, noch unbestellten Äcker scheinen kahl, doch überwebt sie an manchen Stellen ein feiner niedriger Nesselflor, fast unsichtbar, das Ultraviolette streifend, auf dem man die Hummeln wie über Traumgespinsten weiden sieht.

Die kleinen, ausgefahrenen Feldwege. Auch sie besitzen Nord- und Südhang, auf denen die Pflanzen nicht nur im Wachstum, sondern auch in den Arten verschieden sind.[47]

~

Der Maiglöckchengang wird zum Ritus; gestern waren wir im Wald. Die Zeit ist vorgeschritten, der Boden trocken, daher war die Ausbeute gering. Wo früher die Nester im Halbschatten geperlt hatten, war das Laub zu dicht geworden; andere Pflanzen siedelten dort. Dennoch hat es zu einem Strauß und einem Sträußchen gelangt.

Die Maiglöckchen unter der Blutbuche im Garten sind stattlicher, großperlig, doch fehlt ihnen die verborgene Schönheit jener vom Wald. Auch ist der Duft der wilden kräftiger.[48]

Nachmittags in Lohne[49] und Neuwarmbüchen bei kühlem, wolkigem Wetter, das leichte Sommerregen durchschauerten. An solchen frühen Sommertagen steht die Flur in vollem Saft. Den hohen Wiesen und Roggenfeldern entragen in feuchter Frische Hecken und kleine Wälder, als dunkle Inseln, aus denen der Kuckucksruf ertönt. Die Dörfer sind vom Grün der Hofeichen verhüllt; kaum schimmert ein roter Giebel durch. In diesem Element spürt man die Heimat wie der Fisch die Flut.[50]

~

Nachmittags Gewitter, dabei einer der schönsten Regenbogen: doppelt, doch die beiden Limben anschließend, nicht getrennt. Ich kann Trost brauchen. Pfingstmontag; war gestern in Überlingen beim kranken Bruder Friedrich Georg.[51]

~

Wenn die Sonne durchbricht, klettert die dunkle Eidechse im Lohner Forst[52] aus dem Versteck zu ihrem Lieblingsplatz, der Astgabel einer winzigen Fichte, empor. Dort sonnt sie sich, den Leib gebogen, während sie den Schwanz als Schleppe fallen läßt. Sie ist von der Länge eines Streichhölzchens oder einer Agraffe, schwarzbraun mit perligem Glanz. Wie ist es möglich, daß soviel Anmut in einem so kleinen Körper wohnt?[53]

~

Die Gebetshaltung ist ursprünglich, nicht nur bei den Menschen, sondern auch bei Tieren und Pflanzen; man könnte sie auch in der Materie suchen – in ihrem Weben, ihren Schwingungen. Warum kehrt der Kreis in seinen Anfang zurück, warum dehnt eine bestrahlte Fläche sich aus? Vielleicht will sie noch mehr von der Sonne genießen, wie die Eidechse, die sich abplattet. Es gibt Pflanzen mit Sonnen-, andere mit Mondkulten.[54]

~

Zwischen zwei Gewittern zu den Billafingern Drei Kreuzen,[55] die 1939 errichtet und jetzt erneuert worden sind. Der Mais hat

Kolben angesetzt. Sie sind noch milchig, während die Staubfäden zu einem rotbraunen Gespinst vertrocknet sind. Die Pflanze ist stattlich, doch laugt sie den Boden aus. Mit Recht wurde der Mais in vorkulumbianischen Zeiten als göttlich verehrt. Es heißt, daß er nächst dem Reis die größte Anzahl von Menschen ernährt. Ich weiß nicht, ob die Verwendung als Viehfutter in die Rechnung einbezogen ist. Dabei nimmt der Anbau noch weltweit zu.[56]

~

Der Mais. Die männlichen Blüten, gipfelständige Ähren, vibrieren, ohne daß ein Hauch sie berührt. Der Samenstaub rieselt auf die fadenförmigen weiblichen Narben, befruchtet sie. Das ist bei Windstille wie das Wallen der Fische im ruhigen Wasser, ein reines Wirken der Zeugungskraft.[57]

~

Nachmittags bei guter Sonne im Moor und dort im Wassermoos nach kleinen Hydrophilusarten[58] gejagt. Bei dieser Arbeit glitt eine große Wasserspinne aus den Binsen auf den dunklen Spiegel des Torfstichs vor, an dem ich kauerte – tief sammetbraun mit filzig weiß gesäumtem Leib. In diesen Frühlingstagen flimmern die Birkenreiser und die Stengel des Heidekrautes rundum im harten Licht, so daß der Eindruck des Frischgewaschenseins entsteht. Das Ungewöhnliche beruht wohl auf dem Gegensatz der noch winterlichen Vegetation zum schon fast sommerlichen Licht.[59]

~

Mit den Kindern im Moor. Der Kleine bezeichnete den Molch, den er zum ersten Male sah, als »Wasser-Eidechse«, was mich mehr erfreute, als wenn er ihn mit seinem Namen angesprochen hätte; erwies er damit doch die Unterscheidungsgabe, die aller Kenntnis zugrunde liegen muß wie Gold dem Notendruck.[60]

~

Ich habe mich in ein kleines Waldstück verirrt und am Rande einer Lichtung auf einen Baumstumpf gesetzt, um auszuruhen. Die Tage sind noch kurz; die Sonnenstrahlen fallen schräg auf ein Erlendickicht im Grunde, um sich in seinem Geäst zu fangen wie in einem Netz aus Goldfiligran. Die Stunde ist überhaupt wie auf Goldgrund gespannt. Die glatte, hellgraue Rinde der wenigen Buchenstämme, die noch auf dem Kahlschlag stehen, ist mit flimmernden Pünktchen gekörnt, und von den runden Moospolstern schießen goldene Strahlen hoch. Ein Schwarm von Mücken tanzt in der kühlen Luft, ein erstes, hauchzartes Gebilde des Lebens, das ein Wink der Sonne hervorgezaubert hat. Der Abend läßt bereits einen kalten Dunst aus der Erde aufsteigen, die sich während der langen Regentage des Winters voll Feuchtigkeit gesogen hat, und ich hülle mich fester in den langen grauen Mantel, in dem mancher Drahtverhau seine Spuren zurückgelassen hat und den die Pikrinwolken der Granaten mit grünen und gelben Flecken sprenkeln.[61]

~

Waldgang. Kaum Pilze, nur ein »Hämpfeli«.[62] War nicht in bester Form seit Mittag, aber der Wald hellt auf.[63]

~

Im Walde. Drei junge Steinpilze, um einen stämmigen Zwilling gruppiert. Der erfreuliche Anblick erinnerte mich an eine präkolumbianische Plastik: Vater und Mutter kopulieren, während die Kinderchen im Kreis um sie herumhocken. Ein familiäres Stilleben.[64]

~

Gestern und heute sehr heiße Tage, wolkenlos. Die Heuernte ist eingebracht. Höhepunkte des vegetativen Lebens: es begegnen sich die Blüten des Holunders, der Rose, der Linde, des Jasmins – teils in der Hochzeit, teils mit Spitzen oder auf dem Rückzuge.[65]

~

Ausgedehnter Gang vom Dorf über das Hofwäldle, die Feldflur und zurück. Was die Insekten angeht, Wanderung durch eine ausgestorbene Welt. Es ist kaum zu glauben, wie perfekt die »Säuberung« gelungen ist. Noch vor kurzem sah ich auf jeder Margerite ein, zwei Gäste, auf jeder Schirmblume eine Gesellschaft vereint. Und erst die Holzstöße.

Die Bienen machen bislang eine Ausnahme, wie auch die Ameisen – die Hautflügler überhaupt. Wenn es drauf und dran ginge, würden sie die Wirbeltiere überleben, wenigstens die landbewohnenden. Die Evolution brauchte dann nicht wieder von ganz unten anzufangen – sie hätte für neue Phantasien einige Millionen Jahre gespart.[66]

~

Nachmittags Gang durch die Obstwiesen. Am Fuß eines Apfelbaumes ein Hallimasch[67] von ungewöhnlicher Größe; der umgestülpte Hut hätte einen Suppenteller gefüllt. Schon vor Jahren hat mich bei der Alten Burg[68] ein Pfifferling auf ähnliche Weise überrascht; er war wie eine Trompete geformt. Das können Abnormitäten sein, wie sie auch bei Menschen vorkommen – vielleicht auch Vorposten klimatischer Wandlungen.[69]

Am Wegrand ein großer Ameisenhügel; das Volk war in Aktion. Der Bau umrundete einen starken Baumstumpf – das stützt ihn wie die Zentralsäule die Hagia Sophia zu Byzanz; auch lassen sich Kammern in das Holz einbauen, Puppenstuben vielleicht.

Ich konnte den Betrieb gut beobachten, obwohl ich keine Lupe dabei hatte. Die Individuen bewegten sich lebhaft, doch schienen sie unbeschäftigt; merkwürdig war, daß sie nach einigen Schritten anhielten und dann, als ob sie nachgedacht hätten, den Weg, meist in veränderter Richtung fortsetzten. Dafür ließen sich verschiedene Erklärungen finden – es könnte sein, daß sie Signalen folgen, oder es läuft ein Film in ihnen ab.

Zwei Jäger schleppten sich mit ihrer Beute, einer schmalen grünen Raupe, ab. Der eine hatte sie am Hals gepackt wie unsereiner eine Schlange, der andere hielt sie am Schwanzende fest. Mir fiel auf, daß sie fast den ganzen Hügel überquerten, ehe sie ihr Opfer in ein Loch zogen. Entweder waren sie diesem Eingang zugestrebt, oder sie hatten, aus welchem Grund auch immer, die näheren verschmäht.[70]

~

Am Saftfluß einer Eiche zechten zwei große Hornissen mit zitronengelbem Leib und mahagonibraunen Tätowierungen. Zuweilen berührten sie sich gegenseitig mit den Kiefern fast schnäbelnd Kopf und Brust, wohl um ein wenig vom Saft zu schlecken, der dort haftete. Die Gesten, die sie dabei vollführten, glichen einer zärtlichen Umarmung, und sicher ist in solchem Treiben auch Sympathie verborgen, denn eine der Quellen der Liebkosung entspringt der Reinigung. Hierher das Ablecken der Jungen gleich nach der Geburt, wie es nicht nur bei vielen Säugetieren, sondern noch bei den Eskimos geschieht; das Streichen und Ordnen des Gefieders mit dem Schnabel und ähnliches. Das sind Ursprünge der Zuneigung – mit ihrem tiefen Sinn erfaßt in den »Chercheuses de Poux«,[71] dem schönen Gedichte von Rimbaud.[72]

In den Wäldern und Brüchen zwischen Oldhorst, Wettmar und Engensen[73] war herrliche, sonnendurchglühte Einsamkeit. Der Wald ist ein großes Todessymbol. Bei solchen Gängen wachen immer frühe Erinnerungen, Motive keltischer Bildwelt, auf: Erwartung, Neugier, Weihe, Trauer, Heimweh vielleicht. Es ist nicht mehr der Wind, der über die Wipfel geht. Alle Vogelrufe werden wissend, mitwissend, weissagend.

Ich dachte an Hans im Glück, den ich als Typus dessen ansehe, der mit dem Pfunde nicht gewuchert hat. Man sollte im Gegenteil das Geschenk, das man erhalten hat, im Wechsel seiner Jahre umtauschen, läutern und verdichten bis auf das pure Gold. Das müßte man dann für den letzten Umtausch bei sich tragen – als Eingangszoll vor jener Pforte, hinter der die Quelle der Werte springt.[74]

~

Das Bad: ein Wassertümpel in einer alten Tongrube, die auf dem Weg nach Lohne liegt. Die runde Fläche ist fast bis zur Mitte von den braunen Blättern des Froschlöffels eingefaßt; die Bremsen ziehen Figuren über ihr. Das Wasser ist tief und still, und von dem Tongrund dringen Moderblasen und kühle Wallungen herauf. Die Ufer sind vom Weidevieh tief ausgetreten, und Wasserjungfern und Libellen sonnen sich am Schilf – rot, aschblau, schwarz und grün gegittert und blaß mit dunklem Flügelband, die Leiber wie aus feinem, grellem Bambusrohr gesteckt. Die Schwalben kommen aus den Höfen angeflogen und netzen sich auf der Eintagsfliegenjagd die Brust. Ein kleiner Pump, von Schilf und hohen Binsen wie von Wimpern eingerahmt, doch auch mit Fischen in seiner Tiefe und dem Storch von Neuwarmbüchen[75] als Gast, der die Frösche spießt. Auch hier regiert Neptun durch seine Diener, den Nix und jenen Geist, der in den Brunnen wohnt. Daher denn auch die volle Erquickung, die das Element gewährt.[76]

~

Nachmittags im Lohner Forst, in dem ich, als ob sie inzwischen angewachsen wären, ganz neue Winkel fand, darunter eine Gruppe verwahrloster und ausgetrockneter Karpfenteiche mitten im Wald. Auf ihrer Sohle sproßten Schilfkolben, während auf ihren Dämmen Schirmblumen leuchteten und Nachtschatten mit violetten Blüten und roten Beeren sich ins Gebüsch rankte. Merkwürdig war der Gegensatz des feuchten Grundes mit seinem Binsenwerk zum trockenen Kiefernwald, der ihn umhegte und an dessen Holzwerk die Spechte hämmerten. Dann kam ein Kahlschlag mit zarten Gräsern und Himbeersträuchern; in seiner Mitte narbte ein Bombentrichter den weißen Heidesand. Schon grünte Schilf aus seiner Tiefe, und Frösche tummelten sich in seinem Grundwasser.

Wunderbar tröstlich sind solche Gänge, die aus dem Geschehen und seiner Oberfläche in die Tiefe führen, in das Dickicht mit seiner webenden, heilenden Pracht. Dort ist die Heimat, das unzerstörbare Land. Ich dachte wieder einmal, daß wir die Bilder nicht durch Zufall sehen; sie ordnen sich der Seelenlage zu.[77]

~

Auf dem Rückweg machte ich in der Nähe von Beinhorn[78] an einem kleinen Kahlschlag halt und saß auf einem Eichenstumpf zwischen halbentrollten Farnen, deren Triebe noch brauner Sammet deckte, im Sonnenschein. Hier wurde mir ein wenig besser, und ich erfreute mich, wie schon so oft in solcher Stimmung, durch die Subtile Jagd. Bereits auf dem Wege war mir der kleine Rüßler Magdalis armiger[79] angeflogen, der seinen Namen den zwei Stacheln verdankt, die er am Halsschild trägt. Sodann entdeckte ich unter Eichenrinde den winzigen Laemophloeus duplicatus,[80] den ich dann unter dem Mikroskop nicht nur dank seinen beiden Leisten, die Kopf und Halsschild zieren, bestimmte, sondern ich erkannte sogar die schmale Mittellinie, die nur zuweilen zu sehen ist, mit großer Deutlichkeit. Aus dem verpilzten Eichenholze löste ich ferner einen Scolytus intricatus[81] – und zwar ein Männchen, wie die beiden feinen Haarpinsel bewiesen, die es aufgerichtet auf der Stirne trug. Endlich wäre noch der gefleckte Litargus[82] zu erwähnen, mit dem ich erst im vergangenen Sommer im Klosterforste zwischen Überlingen und Birnau Bekanntschaft schloß. Wie oft in solchen Fällen erscheint er mir jetzt nicht mehr selten – denn man lernt nicht nur die Tiere kennen, sondern vor allem die Art und Weise, sie im großen Rebus der Natur zu sehen.[83]

~

Beim Waldgang begleitet das Rauschen im Winde nicht nur die Gedanken, sondern setzt sie auch fort und gibt sie ein. Wenn das Wasser über den Stein springt oder ins Becken fällt, können Selbstgespräch und Lektüre eine Veränderung erfahren, als ob sie von dort kämen.

Dazu ein Versuch: Laut zählen und dann schweigen – das Wasser setzt die Zahlenreihe fort. Dann an ein Gedicht oder ein Gebet denken und den Text dem Wasser anheimgeben. Das sind Übungen.

Ist es möglich, daß man die Elemente sprechen lehrt wie Papageien, die zunächst das Eingegebene nachplappern, dann aber mit einem Pfingstgruß antworten?[84]

~

Im Hardtgrund, in dem sich noch ein Hauch uralter Wäldereinsamkeit erhalten hat. Gewitter, mit Blitz und Sonnenschein, dazu der Wirbel der Spechte nah und fern. Ein Schwarzspecht strich über mich hin, als ich in einem Eichenschlage auf dem Moos lag, und glitt dann spiralig einen alten Stamm hinauf. Das Tier ist doch nicht recht geheuer, zumal in dem Verhältnis des schmalen Halses zum großen Kopf. Die starren Schwingen strahlen im Flug ein hörnernes Pfeifen aus; der wiehernde Schrei ist klagender als der des Grünspechtes. Der volkstümliche Name »Feuerhenne« ist gut gewählt.

Nach solchen Stunden fällt es mir recht schwer, mich noch in die Geschäfte zu vertiefen; ich gerate ins Träumen, als müßte ich die Augen auf eine andere Entfernung einstellen. Die Einsamkeit der Wälder ist so herrlich, dem Eingang in feierliche Räume gleich.[85]

~

Bei manchem Waldgang habe ich den Eindruck, daß es auf Passagen stiller wird, obwohl auch zuvor kein Laut zu hören war. Das ist ein spezifisches, ein andersartiges Schweigen; es kann sehr stark werden. So, wenn wir mit einem Toten zusammen sind.[86]

~

Auf einer Lichtung unterhalb der Schatzburg[87] [sic] hatte ich den Eindruck, in ein akustisches Zentrum geraten zu sein. Der Waldrand antwortete dem Zuruf mit einem Echo, das dann an ihm entlang schwang, bis es sich verlor. Zudem gab es ein Doppel-Echo, doch nicht aus zwei verschiedenen Richtungen, sondern zunächst vom Walde und dann von einem Hügel, der hinter ihm lag.[88]

Lohwald. Die Nadeln der Lärchen bilden, wo sie dicht liegen, einen sanften Teppich; der Weg wird rotbraun wie eine der schönsten Haarfarben.

Am Waldrand ein Doppelecho – am besten kam das O zurück und dann das I. Die übrigen Vokale matt, kaum wahrnehmbar.[89]

~

Mit dem Stierlein[90] im Lohwald. Auf den »Franzosenkahlschlägen« stehen jetzt schon ziemlich hohe Fichten, dicht an dicht. Diese Forste haben trotz oder wegen ihrer Monotonie den Vorzug, daß man die engen Wege wie Tunnel durchschreiten kann. Sie geben zugleich Licht und Geborgenheit.[91]

~

Nachmittags gehe ich jetzt durch den Lohwald bis zu einer Felsgruppe, die eine Arena bildet, und kehre über den Eißighof[92] zurück. In diesen Revieren, abgesehen von den »Franzosenkahlschlägen«, überwiegen noch die Laubbäume. Die alten Stämme werden seltener, während die uralten verschwunden sind. Der Riese duldet nur seinesgleichen; ich sah in Niedersachsen und an der Ostsee noch Bestände, die dem Römischen Senat glichen: einer Versammlung von Königen.

Dem Waldbesitzer müßte aufgegeben werden, bei jedem Einschlag, in jedem Hau[93] einen zu verschonen, den Unberührbaren.[94]

~

Zum alten Eichbaum, bei schwüler Witterung. Das Blau der Skabiosen[95] war sehr stark. Als Kind sah ich sie bei solchem Wetter über dem Abraum einer Silbergrube blühen. Es war im Erzgebirge bei Schwarzenberg. Ich wagte nicht, sie zu pflücken, denn ich hatte gehört, das würde den Blitz anziehen.

So ist der Volksglaube. Er kennt auch andere, meist blaue, Gewitterblumen, wie die Campanula[96] und den Enzian. Der Zusammenhang ist vielleicht darin zu suchen, daß sie in der Schwüle besonders aufleuchten. Das überträgt sich auf die

Stimmung und wird zu einem der Signale, die beängstigen. Ein feines Knistern, dem Grollen folgt. Eine Hörselbergblume,[97] mit krauser, elektroskopischer, von Hummeln beflogener Frisur.

An die Skabiosen, wie an die »Purpurwitwe« und den »Teufelsabbiß«, heften sich auch andere Sagen; das bleibt im Vordergrund. Was ich als Kind im Gleichnis ahnte: die ungeheure, den Pflanzen eingeborene Macht.[98]

~

Nachts in einem Weinberg; die Rebstöcke voll grüner Trauben – dazwischen Bäumchen wie halbhohe Dattelpalmen, die Zweige bogen sich unter der Last von Himbeeren. Davor ein Schild: »Pflücken erlaubt«.[99]

~

Bei Sonnenschein Wind in großer Höhe – leichte Wolkenschleier waren nicht nur flüchtig in der Bewegung, sondern schienen auch flüchtig in der Substanz. Manche lösten sich auf zu Archipelen, von denen eine Insel nach der anderen versank.

Der Schreck darüber, daß etwas da ist und verschwindet, so daß nichts mehr da ist, wird durch die Einsicht gemildert, daß die Erscheinung Stufen der Sichtbarkeit durchläuft. Im Niemandsland harren die Abenteuer, und die verschwundene Wolke spendet vielleicht Regen im Sahel.[100]

~

Gang in der Richtung nach Billafingen am Waldrand entlang. Noch blühten die Buschwindröschen und sogar der Seidelbast, während die Wiesen von Primeln übersät waren. Ich pflückte einen Strauß für Ernstel, der heut Geburtstag hat.[101]

Gerade an einem schönen Tag wie diesem wächst an den Gräbern das Gefühl der Schuld, in der wir bei den Toten stehen. Sie haben uns etwas voraus, haben eine Leistung vollbracht, die kein Opferdienst aufwiegt, wie lange er auch währen mag.[102]

~

Abends im Moor, zur Aussiebung von Moosproben. Die schmalen Moosbeerenranken zierten das feuchte Polster wie Silberfiligran. Die roten Früchte lagen, schon abgefallen, doch sich im Muster haltend, im Flechtenwerk.[103]

~

Noch setzen die Schwalben keine Noten auf die Drähte, doch vereinen die Jungen sich familienweis in den höheren Büschen und wölben dort die weißen Brüste vor. Sie suchen sich zum bequemen An- und Abflug laubenförmige Buchten aus. Die Mutter füttert sie im Vorbeiflattern. Manchmal bleibt sie auf einem Ast in der Nähe sitzen und betrachtet die Kleinen liebevoll. Stolz, Freude, pädagogische Aufmerksamkeit sind in dieser Zuwendung vereint.

Wunderlich scheint, daß die Jungen in wenigen Wochen schon auf die Reise gehen. Dabei sind sie nicht die letzten; es hockt noch eine zweite Brut im Nest. Aber sie lernen schnell – das Fliegen in einem Augenblick.[104]

~

Nachmittags machte ich mit Inge Dahm[105] einen Rundgang, bei dem wir am Weiher vorbeikamen. Die Forellen, die sonst im Wasser spielten, sind verschwunden – es heißt, daß Fischreiher dort in der Dämmerung einfallen und aufräumen.

Ich sagte zu Inge, daß der Abhang der Bisamratten wegen vermauert sei. Im gleichen Augenblick erschien eines dieser Wesen aus einer Röhre und schwamm auf das andere Ufer zu.

Merkwürdig daran scheint mir, daß ich kaum je von dem Tier gesprochen habe und daß ich es hier in meinem Leben zum ersten Male sah. Wäre es ein Mensch gewesen, der gewissermaßen auf sein Stichwort gewartet hätte, um aufzutreten, so würde mich das weniger erstaunt haben. Viele kennen aus eigener Erfahrung solche Begegnungen.

Doch auch bei anderen Tieren hatte ich gute Treffer; der Lebenstraum verdichtet sich zu Erscheinungen. Manchmal geht dem eine Reihe kleiner Beobachtungen voraus, die nicht zusammenhängen – als ob im Orchester verschiedene Instrumente gestimmt würden.[106]

~

Im August und noch bis Mitte September hat es kaum Pilze gegeben, jetzt werden sie häufiger. Jedes Jahr hat seinen Schwerpunkt – man lernt eine neue Art kennen, oder man wird mit einer bekannten näher vertraut. So kam es heuer mit dem Echten Reizker zu dem eigentümlichen Verhältnis, das sich zwischen dem Jäger und seinem Wild zu entwickeln pflegt. Dieser Pilz ist ziegel- und orangerot, die Lamellen sind safranfarbig; später wird der Hut blasser mit spangrünen Flecken, wie Kupfer, das oxydiert. Er ist gesellig, liebt den Schatten halbhoher Fichten und wagt sich von dort auf die Wiesen vor. Wenn man ihn anbricht, verliert er einen blutroten Saft. Der Name hat nichts mit dem Geschmack zu schaffen, sondern er ist aus dem Tschechischen entlehnt. Ryzec bedeutet »der Rötliche«.

Ich pflücke ihn vorsichtig zwischen Mittel- und Zeigefinger, damit er kein Blut verliert. Aus diesem Grunde wird er auch in der Küche in Mehl gewendet und möglichst im Ganzen gebacken; so gibt er ein vorzügliches Gericht.

Auch bei diesen Gängen fehlt mir der Bruder; das Gespräch über Tiere und Pflanzen gab ihnen eine besondere Dimension.[107]

~

Im Moor. Die fernen Wälder leuchten schon mit goldenen Kronen, von blauen Schatten untermalt. Die herbstliche Sonne fordert viel Blau. Das gleiche ist im Geistigen der Fall. Der Herbst führt zur Metaphysik, auch zur Melancholie. Ich brauche viel Schlaf, viel Nacht. Das Hirn ist wie die Leber des Prometheus, die der Lichtadler abweidet. Es muß in der Dunkelheit nachwachsen.[108]

~

Nachmittags im Walde; ich sammelte Blutreizker. In den Obstgärten wurde geerntet; eine Bäuerin belud meine Tasche mit Äpfeln und ließ mich dabei ein mir neues schwäbisches Sprichwort hören: »Mer kann net gnueg hoimbrenge.«[109]

~

Schon kühlere Nächte; am Morgen perlt Tau auf den Kohlblättern. Am Zaun zählte ich vierzig Blüten der Kaiserwinde; in ihr kommt die Flora dem Äther am nächsten, wird gewichtlos, immateriell.[110]

~

Wir haben heuer, wie oft nach einem mäßigen Sommer, noch einen schönen Herbst. Seine Palette ist voll entfaltet – einerseits durch die vergilbenden Blätter, andererseits durch die späten Blüten der Astern, Chrysanthemen und Dahlien. Noch hält auch das Grün stand – hell in den Endivien, stumpfer im Selleriekraut, sehr kräftig in der Petersilie. In den Gärten prunken fremde Gäste: mit reinem Gold der Gingko, mit exquisitem Rosa wie ein verirrter Flamingo der gefiederte Sumach, der Essigbaum. An den Rainen der Bergahorn, altgold, und blutrot die wilde Kirsche – dazu die Beeren: Schlehe, Pfaffenhütlein, Hagebutte, Holunder schwarz und rot. In manchem Herbstlaub, wie in dem der Felsenbirne, treten die Rippen farbig hervor.

Ein Abschiedsfest zwischen den Zeiten; das Leben zieht sich aus der Erscheinung zurück. Farben der Übergänge; ähnlicher Reichtum spiegelt sich in feinsten Schliffen und Häuten, dem Glanz der Iris, der Seifenblasen oder des Öltropfens, der sich auf einer Lache ausbreitet.

Wie ist es zu deuten? Zieht das Leben im Abendrot die Wimpel ein, oder kündet der Tod sich majestätisch an, und die Schöpfung trägt seine Livree?

Das Gold verglüht, das die Keime weckte; nun sind die Götter am nächsten, vor allem Apoll mit seiner belebenden und tödlichen Kraft und unter den Gewaltigen jener, der den »Herbst zu reifem Gesange« gewährt. Die Zweite Fassung von »Dem Sonnengott« ist »Sonnenuntergang«. Dort heißt es, daß »der entzükende Sonnenjüngling«

Sein Abendlied auf himmlischer Leyer spielt';
Es tönten rings die Wälder und Hügel nach.

Hölderlin sagt, der Gott sei nun ferne und zu frommen Völkern, die ihn noch ehren, hinweggegangen.[111] Die findet man heut auf keiner Landkarte.[112]

~

Waldgang während dieses späten Oktobertages, der immer noch heiter war. Ich habe mich bei den »Hohen Tannen«, wo Sigmaringer und Stauffenberger Reviere aneinander grenzen, schon öfters verirrt, heut wurde ich zwei Stunden lang »im Kreis herum geführt«. Es war gut, daß ich früh aufgebrochen war, denn es dunkelte, als ich den Ausweg fand.[113]

~

Herbstliches Gelb, bei den Lärchen sanft ins Bräunliche spielend, am Birnenspalier glatt mit blutroten Tropfen, bei der Felsenbirne purpurn gerippt. Am schönsten das reine Goldgelb des Gingko; es zeigt durchaus die »prächtige und edle Wirkung«, die Goethe an der Farbe rühmt.[114] Gewiß ist die Grundierung wichtig – die Äderung, das Gewebe, die Zellstruktur.

Am Weg nach Heudorf[115] eine Gesellschaft von Schopftintlingen. Ein flüchtiges Wesen, über Nacht gewachsen, zeigt es schon Spuren der Zersetzung, die bald zur Auflösung in eine tintige Masse führt. Die Verwesung verwandelt es in fruchtbaren Schleim.

Ich blätterte etliche von ihnen auf. Die Lamelle tönt ein frisches Rosa, das Fleisch riecht angenehm. Bald setzt sich ein zartgrauer Rand an die Schleppe, ein Saum, der sich verdunkelt, bis er die Schwärze chinesischer Tusche erreicht.

Trotz dieser Hinfälligkeit sind alle Stadien ausgewogen, gleichviel ob das Inkarnat aus grauer Seide oder aus schwarzem Flor hervorglänzt – »rose et noir«. Motive, eher Anregungen für einen Odilon Redon.[116] »Wenn ich ein Blatt, einen Stein, ein Stück Mauer oder einen Zweig erblicke, bedrängen mich Erfindung und Imagination wie ein Wirbelwind. Die schaubare Natur wird zur Quelle meiner Imagination, mein Ferment. Solchen Augenblicken verdanke ich meine besten Werke.«[117]

Diese Novembertage, wenn die Grabgabel in den Humus sticht. Die Wurzeln der Brennessel haben schon rote Zacken angesetzt, die Tulpen- und Lilienzwiebeln treiben vor. Es regt sich im Schoß der Erde; der Winter wird überbrückt.[118]

~

Oblomow-Stimmung.[119] Post häuft sich an. Bin eben noch fähig, die Katz zu streicheln, die hinter mir auf dem Stuhl sitzt, Patiencen zu legen und, am liebsten bei Regenwetter, in den Wald zu gehen. Wenn ich nicht wüßte, daß es mit jedem Herbst wiederkehrt – – –.[120]

~

Abends bei Nebel und Sprühregen durch die einsamen Felder, aus denen fernher verschwommene Gruppen von Bäumen schimmerten und zwischen ihnen die alten Höfe, die grauen Archen mit ihrer Last an Mensch und Vieh.[121]

~

Bei starkem Nebel stellen sich im Sichtkreis Umrisse von Bäumen dar. Es kann sein, daß wir uns einem Waldrand nähern – meist aber beruht die Erscheinung auf einem den »mouches volantes«[122] ähnlichen Effekt.[123]

~

Nachmittags zum Eichberg;[124] wie immer um diese Zeit fühle ich das Bedürfnis, im Feld ein Feuer zu entzünden – als ob es die trübe Luft reinigte.[125]

~

Nachts Sturm und Gewitter, ungewöhnlich um diese Zeit. Auch während meines Abendganges war seltsame Stimmung – fast als ob man sich im Stockwerk geirrt hätte. Ich sah die Alpen im Föhn.

Die Sonne war untergegangen, ein bleicher Halbmond stand am Himmel, die Luft war klar. Die Mauern der Kirche und einiger Häuser hoben sich selbstleuchtend von der Dämmerung ab. Das war nicht gerade unheimlich, doch beunruhigend – kubineskes[126] Licht.[127]

~

Rauhreif seit vielen Tagen, infolge einer seltenen Konstellation von Nebel und Frost. Die Wälder sind verzaubert; Stauffenbergs Lindenpaar erfreut mich jeden Morgen an meinem Arbeitsplatz.

Dabei schien in all diesen Tagen nicht *einmal* die Sonne; es fehlten die Brillantlichter. Gegen den Winterhimmel entfaltet sich ein System von allerfeinsten grauen Schattierungen.

~

Was ergreift uns an dieser Kristallwelt, in der es zugleich kälter und wärmer zu werden scheint? Auch kälter und schöner, weil der Saum, der Rand, der Rahmen der Dinge auf eine neue Weise ins Bewußtsein tritt. Der Tau beschlägt; der Reif versilbert, galvanisiert. Er randet die noch roten Erdbeerblätter, macht die Kunst des Spinngewebes offenbar. Das sind Enthüllungen. Der Schleier wird durchsichtig, indem er sichtbar wird. Der »entschiedne Charakter«[128] des Alltags erscheint in den Gerüsten, die ein Hauch zerstören könnte; wir halten den Atem an.[129]

~

Auf dem Weiher im Garten eine hauchzarte Eisdecke. Die Erscheinung beglückte mich zum ersten Mal in Hannover vor meiner Schulzeit, als ich am Rand der Eilenriede[130] eine Pfütze überfroren fand. Ich löste ein Stückchen Eis ab, um es der Mutter zu zeigen, doch als ich bei ihr ankam, war es getaut.

Im Wald die Pilze, die den ersten Frost überdauern wie der violette Ritterling. Auf einem Ödfeld neben der Schatzburg kehrt der Schopftintling wieder, ein vergänglichr Gast. Er sprießt dort in Menge; während der Dämmerung scheinen sich schlanke, weißgefiederte Wesen zum Tanz zu ordnen – ein Motiv für Munch wie für Degas.[131]

~

Gang über die beschneiten Felder rings um das Hofwäldle. Die Schneedecke ist gefroren, aber der Fuß bricht ein. Wenn ich das Taschentuch ziehe, scheint es violett. Der Farbton wird tiefer mit der Länge des Spaziergangs, doch der Schnee bleibt weiß.

Woher also die Kontrastfarbe? Ich nehme an, daß sich eine unterschwellige Wahrnehmung von Gelb summiert. Vergleichbar ist die allmähliche Wirkung einer homöopathischen Medizin.

Zu vermuten ist auch, daß sensible Augen diesen verborgenen Gelbton direkt wahrnehmen. Manche Bilder, gerade von Schneelandschaften, erscheinen daher dem Normalen unglaubwürdig – es gibt aber ein Raffinement des Farbsinnes, das sich bis zum Schmerz steigern kann.[132]

~

Strenger Frost. Auch der Schnee deutet die Kälte an. So durch die feinen Fahnen, die der Wind über die Straße bläst, und durch sekundäre Muster, die sich auf seiner Fläche abkrusten. Er knirscht unter den Sohlen und härtet sich auf den Feldern zu einer Decke, in die sich die Fährten nicht mehr eindrücken.

Manch einem scheint wohl der Gedanke an einen langen Winterschlaf verlockend, an eine Puppenruhe im Eis der Pole, bis dann die Sonne wiederkehrt. Das Jahr teilte sich in einen Tag und eine Nacht.

In der Dämmerung zeichneten sich vor einem blaßgrünen Himmel Ränge bestrahlter Wölkchen ab: schmale Kupferbarren, von denen Glut abtropfte. Binnen einer Viertelstunde verblaßten sie zu Grau.[133]

~

Bei Frost und guter Sonne scheint der Schnee mit einem Feingewebe übersponnen, in dem der Regenbogen spielt. Im Anstieg blitzten die Kristalle blau, grün und türkis, im Abstieg changierten sie zu Purpur, Zitronengelb und einem milden Orange. Eine Kristallwelt, dazu der knirschende Schnee.[134]

~

Wettersturz; die Berge plastisch und ganz nah. Leider führte mein Weg an keinem der Punkte vorbei, an denen sich die Alpenkette vom Säntis zur Jungfrau dem Blick erschließt.

Auch als ich in der Dämmerung aus dem Wald zurückkam, war die Sicht ungewöhnlich; die Kapellen schimmerten in morgenländischem Licht.[135]

~

Spät bei Frost im Hofwäldle. Was besagt das tröstliche Gefühl, wenn wir in kalten Nächten die Lichter eines Dorfes flimmern sehen? Heimat? – aber in einer viel weiter entfernten Erinnerung?[136]

~

Die Bäume schweigen. Man hört sie nur, wenn sie bewegt werden. Der Wind spielt auf dem Walde wie auf einer Harfe bis zum Gewitter mit Einschlägen.[137]

Der Bussard klagt über den Wäldern, der Schrei der Möve reißt den Abgrund auf. Sie wecken ein Heimweh, das unstillbar bleibt.[138]

~

Am Weihnachtsabend erst Rundgang durch alle Bunker, dann Essen mit dem Kompanietrupp – Fasanen, gut abgehangen in unserem Munitionsraum, der zugleich als Wildkammer dient.

Heut morgen dann Gang am Schwarzbach im Rauhreif, mit Erinnerungen an frühere Weihnachten. Es gibt nur eines, das uns nie verläßt – die Lebensstimmung, die seit dem ersten Bewußtsein die gleiche bleibt, wie eine Melodie, die immer wiederkehrt und deren Takte noch spielen, wenn das Schiff versinkt.

Ein Raubvogel strich von einer Schwarzpappel ab, ließ sich dann auf einem Acker nieder und hüpfte in zugleich unbeholfenen und heraldisch starren Sprüngen davon. Da ich ihm folgte, wollte er über den Schwarzbach setzen, fiel aber im Flug ins Wasser und arbeitete sich wieder an das Ufer hoch. Als ich auf ihn zutrat, sah ich, daß sein linker Flügel zerschossen war; das Blut träufelte mennigrot in den Schnee. Der Vogel blickte mich starr mit seinen gelben Augen an, mit geradem, kühnem und völlig ungebrochenem Blick. Ich ließ ihn, nachdem ich ihn lange betrachtet hatte, ohne ihn anzutasten, im Gestrüpp allein.

Gedanke: »Da du ihn nicht berührtest, kommt er vielleicht davon.«

Sodann vor einem Kruzifix. Kalt von der Dornenkrone hing der Reif in langen silbernen Fäden herab. Auch hatten die Augen Silberwimpern angesetzt, die leise im Lufthauch zitterten.[139]

~

[»]Was ist Berückung?[140] – eine Form der Anziehung. Indem wir angezogen werden, entfernen wir uns auch. Berückung, wie sie ein Kunstwerk, eine Geliebte, ein Zauberer bewirken, ist zugleich Entrückung aus dem Eigenen, in das wir eingeschlossen sind.

Wälder üben auf jeden diese Macht aus – sie entrücken aus Raum und Zeit. Immer noch spüren wir einen Schatten von dem, was im Spessart, im Harz, in den Ardennen, im Odenwald geschah. Nicht nur die Bäume mit ihrem Rauschen, auch die Tiere mit ihren Rufen und Tänzen bezeugen es. Was greift uns an, wenn sie sich auf die Lichtung vorwagen, zunächst zaghaft, und ihr Konzert anstimmen, das sich zur Tollheit steigern kann? Sie sind nun die Herren, sind Mittelpunkt des Waldes, und wir bestaunen mit Bangen ihre Macht. Ein wenig stärker, und sie zwängen uns in ihre Rolle; wir würden Kleid, Sprache, Tanz von ihnen annehmen, so wie es in den frühen Wäldern war.[«][141]

AM MITTELMEER

Wenn Ernst Jünger am 6. Juni 1964 an den Historiker Joseph Wulf schreibt: »Nicht nur die Ferien, sondern auch der Mensch beginnt doch erst am Mittelmeer«[1], dann ist das viel mehr als eine bloße Floskel. Am Mittelmeer lag für Jünger die Wiege der Menschheit. Reisen ans Mittelmeer waren für ihn Heimkehr. Dieser Idee folgte Jünger, wenn er jedes neue Jahr mit einer Mittelmeerreise beginnen ließ und so immer wieder einen neuen Anfang setzte. Aber auch, wenn er sich der Hitze der mediterranen Sonne und den Gewalten des Meeres auslieferte – die ihn einmal sogar in Lebensgefahr brachten –, ist das als eine Geste zu bewerten, mit der Jünger seinen eigenen Ursprüngen auf die Spur zu kommen suchte. Die sinnlichen Eindrücke waren hier so stark, so dicht, so unmittelbar, dass er an die Grenzen des eigenen Ich zu gelangen schien. Das Mittelmeer gab ihm eine Ahnung von einem Leben jenseits der Individuation. Fauna und Flora werden zu mythischen Zeichen: Eidechsen und Schlangen, Zypressen und Agaven sprechen die Sprache der anderen Seite. Sie sind Boten der ewigen Wiederkehr.

Das Mittelmeer ist eine große Heimat, ein altes Zuhaus. Ich merke das stärker bei jedem Besuch. Ob es im Kosmos auch Mittelmeere gibt?[2]

~

Den Nachmittag hatten wir wieder am Forum verbracht. Der Frühling wird spürbar: auf den Mauern hob sich der Goldlack kräftig vom blassen Violett der wilden Levkojen ab. An der Rückseite des Clivus Victoriae[3] die erste, grüngescheckte Eidechse. Vor dem Gedenkstein für die Vierzig Märtyrer lag ein Anemonenstrauß. Die beiden Charakterpflanzen des Forums sind der Fenchel und der Akanthus, dessen Blatt sich auf den Skulpturen wiederholt.[4]

~

Arbeiter fällten eine Zypresse, deren Harzduft den Friedhof durchdrang. Wilde Anemonen blühten am Fuß der Pyramide, daneben der Judasbaum, noch blattlos, doch Stamm und Äste schon überglüht. Ein Brunnen, der gutes Wasser spendet; Goldfische schwammen im Becken, in dem der Wärter seinen Wein kühlte.[5]

In diesem Klima gedeihen die Agaven prächtig. Man pflanzt sie in vielen Arten, sowohl in dem kleinen Stadtpark als auch im Jardin Thuret,[6] der besonders der Zucht und Einbürgerung fremder Gewächse dient. Dort wuchern sie von ihren riesenhaften Vertretern bis zu winzigen Spielformen, wie Kakteenfreunde sie an den Fenstern ziehen. Darunter erstaunte mich ein baumartiges Gewächs, aus dem sich die Blüte als ein zweiter Baum in Form eines leuchtenden und duftenden Springbrunnens entfaltete. Der Anblick erinnerte an den singenden Baum des Märchens, an die Erhebung auf eine höhere Stufe durch Musik. Jedesmal während dieses Ganges am Bahndamm beschäftigt mich die Frage, wie ein solcher Aufwand möglich ist. Man stößt da sogleich, wenn man sich nicht auf der Oberfläche halten will, auf Unerklärliches. Das ist aus dem Universum einschießende Macht. Wir werden ihr Geheimnis niemals lösen; es muß genügen, daß es uns beglückt.[7]

~

In der Meerenge tauchte eine Schule kleiner Delphine auf. Wie kommt es, daß gerade der Anblick dieser Wesen ein so starkes Lebensgefühl erweckt? Wohl einmal, weil die Bewegung wechselt und die Tiere sich wie Perlen einer Kette ins Licht einfädeln, und dann, weil es an der Grenze zweier Elemente geschieht. Schon die Alten hatten ihre Freude daran.[8]

~

In der Dämmerung passierten wir den Stromboli. Die Stunde war günstig; es war noch hell genug, um Kontur und Einzelheiten der Insel zu erkennen, doch schon so trübe, daß Glut und Feuer des Vulkans weithin leuchteten. Aus seiner Rauchfahne quoll eine träge Flamme, die sich zuweilen, als ob der Blasebalg einer Schmiede gezogen würde, belebte und von einer Funkengarbe übersprüht wurde. Auch stiegen langsam große Steine in die Luft.

Im Rückblick stand der dunkle Kegel vor einer brandigen

Nachtwolke. Der Strand umfaßte ihn als schmale Krempe, von der sich zu beiden Seiten als Agraffen die weißen Häuser von Siedlungen abhoben.[9]

~

Vormittags nach der Landung Spaziergang mit dem Magister[10] in den Gärten von Partana[11] und ihrer maurischen Pracht. Durch die Terrassenbeete glitten lange schwarze Nattern wie Ahnungen dahin. [...] Ein großer Scarabaeus mit Bronzepunkten rollte seine Kugel über den Kalksteinpfad, an dessen Rand die fruchtbare goldbraune Erde verwitterte. Auf dem zartgrünen Fenchel, den Ringelrosen, den strotzenden Gemüsen lag noch der Tau, während in überreichen Lasten die Früchte der Orangen- und Zitronenhaine leuchteten. Am Felsweg in hohen Hecken die Opuntie mit den indischen Feigen, die gleich rötlich violetten, eirunden Kerzen auf ihre breiten Blätter gesteckt waren. Die Conca d'oro, die Goldene Muschel – im Morgenlichte spürten wir ihr Leben, und es flog uns ein Hauch göttlicher Zeitalter an.[12]

~

Schirokko. Die Stadt riecht nach Fisch. Ein Unbehagen auf der Haut, doch auch stärkere Wahrnehmung für angenehme Eindrücke. Ich spürte es an der Art, wie der Schaum des caffè latte die Lippen berührte, der Parmesan auf der Zunge prickelte. Das steigert sich in den Tropen; die Mattigkeit wächst, zugleich eine unterschwellige, wache Vitalität. Die Blumen duften stärker, mit betäubender, erotischer Kraft. Zu matt fast, die Hand zur Klingel zu heben, damit die Schenkin erscheint.[13]

~

Nach dem Schirokko regnete es fast den ganzen Tag. Nachmittags war es etwas heiterer. Gerade bei bedecktem Himmel wird die Strahlung oft stechend, als ob die weißen Wolken sie spiegelten.[14]

~

Am Vormittag vergnügte ich mich, aus unserem Fenster den kleinen Fischmarkt zu betrachten, auf dem die Frauen einkauften. Das Angebot war ärmlich; einige wie mit silbergrauem Hauch galvanisierte Thune steckten in aufgespannter Halterung gleich Apparaten einer höheren Mechanik die starren Flossen aus. Daneben lag ein kleiner Haifisch auf dem Stein. Wie an allen Szenen südlichen Lebens fiel mir auch hier der mindere Grad an Willensfreiheit auf, dem ein stärkerer Zwang der Sitte zugeordnet ist. Das gibt den Bildern das Dekorative, das Malerische und oft Opernhafte, das uns anzieht; es treten in ihnen weniger Individuen als Repräsentanten auf.[15]

~

Wir traten hinzu, als die Beute bereits in den Körben lag, und beleuchteten mit Kerzen den Fang. Wie in einem Nest lagen hier, noch zitternd, die Körper von Fischen und Tintenschnecken in weichen Rundungen aneinandergeschmiegt. Ein Maler hätte an ihnen alle Spielarten studieren können, in denen das Silber sich verfärbt. Es fehlte wohl kein Ton der sichtbaren Skala, aber alle

waren auf einen geheimnsivollen Schlüssel der Tiefe gestimmt. Der wunderbare Schmelz dieser in der Anstrengung des Todes oszillierenden Lichter erinnerte an die geisterhaften Farben, die man in den elektrischen Röhren der Physiker erblickt. Unter allen menschlichen Künsten vermag vielleicht nur eine von ihnen eine Vorstellung zu geben – die des Glasbläsers, der seinen durchsichtigen Stoff mit metallischen Oxyden färbt oder zart irisierende Häute auf ihm niederschlägt. Das sind Farben der Tiefe, wie man sie auf vergrabenen Gläsern findet und auch immer häufiger in unseren großen Städten trifft, denen neben vielen anderen Eigenschaften ein submariner Charakter eigentümlich ist und die man zuweilen in einer Stimmung durchwandelt, welche an die des Tauchers gemahnt. Beim Anblick der Kalamare mit ihren großen grünlich-goldenen Augen, der perlmuttfarbigen Sepien, der langen Meeraale voll opalisierender Geschmeidigkeit, der Makrelen mit ihrer dunkelgrünen, hieroglyphischen Bänderung kam mir der Gedanke, daß Huysmans in seinem spätromantischen Zauberschlosse des Des Esseintes[16] ein Zimmer vergessen hat: ein grottenartiges, ganz mit grünen Spiegeln ausgelegtes Kabinett, in dem an unsichtbaren Fäden ein Heer von phantastischen, aus buntem Glas geblasenen Fischen schwebt.[17]

~

Nachmittags erging ich mich in Begleitung des Hundes Nello am Meer, hinter dem Türmchen, das am Felshange des Monte Gallo[18] sein Blinklicht kreisen läßt. An einem Vorsprung, an dem die Klippe überspült war, vertiefte ich mich in die Betrachtung eines Korallengärtchens, in dem zierliche Turmschnecken weideten. Hinter Büscheln von braunem und dunkelgrünem Seetang, die in der Brandung hin und her schwangen, lagen große Taschenkrebse in der Haltung des Jägers auf dem Anstande. Ich hatte mich schon manchmal gefragt, warum denn die Schere dieser roten oder malvenfarbenen Tiere eine lackschwarze Spitze trägt. Hier glaubte ich es zu erraten: sie pflegen sich in kleinen Höhlungen des Felsens zu verbergen und schließen diese Räume nach außen durch die vorgestreckten Scheren wie mit einem Pfropfen ab. Da ist es aus Gründen der Jagd natürlich wichtig, daß der Verschluß nicht vorleuchtet.

Die große Schere der Taschenkrebse stellt eine ideale Verbindung von Verteidigungs- und Angriffswaffe dar. Sie bildet einen festen Schild, hinter dem der Körper sich decken kann und der zugleich als starke Zange über malmende, panzerbrechende Kraft verfügt. Dieses Motiv ist in den Arsenalen der menschlichen Bewaffnung kaum angedeutet, vielleicht von jenen alten Schilden, deren Buckel in eine Spitze ausläuft, abgesehen.[19]

~

Spaziergang mit dem Magister durch die Orangen- und Zitronenhaine, die hier, wie alle Gärten, durch hohe Mauern eingeschlossen sind. Gleich wie der Bau des Hauses dem südlich-levantinischen, ja fast oft orientalischen Familienleben sich anpaßt, so drücken diese Mauern den romanischen Eigentumsbegriff in seiner ganzen Schärfe aus. Das ist besonders lästig für den Botaniker, der lange zwischen ihnen wie in den prall besonnten Fluren eines Gefängnisses wandern muß, ehe er ein freies Stückchen Grün erreicht.

Indessen sind die Besitzer oder ihre Gärtner sehr freundlich, wenn man sie um die Erlaubnis, einzutreten, fragt. Wie jeder Fehler seine Tugend hat und umgekehrt, gesellt sich hier dem Mißtrauen vor allem Fremden eine besondere Form der Gastlichkeit. Auf diese Weise ergehen wir uns in der Einsamkeit der Gärten und werden zum Abschied noch mit den Früchten beschenkt.

Die Conca d'oro ist überaus wohl bestellt. Unsere Gespräche begleiten das Zwitschern kleiner Vögel, das Schnarren der Zikaden in den Mandelbäumen und das Murmeln des Wassers, das durch steinerne Adern springt. Der Boden ist rotbraun, mürbe und treibt die Gewächse aus seinem garen Schoße mit großer Kraft hervor. Das Auge fühlt sich zauberhaft erheitert, wenn es sie so im Sonnenglanze grün leuchten sieht. Besonders wohl scheint sich die Ringelrose hier zu fühlen, die überall wild wuchernd ihre gelben und roten Feuerblüten zeigt. Die Leuchtkraft dieser Blume nimmt mit der Dämmerung zu. Um diese Stunde steigt aus den Gärten, vor allem aus dem königlichen Park La Favorita, Orangeblütenduft betäubend auf. Dann kehren wir zurück, an den kleinen maurischen Villen vorbei, von denen weiße Kletterrosen und Glyzinen überreich herabhängen.[20]

~

Im Schlendern erreichte ich ein einsames, ruhig in der Sonne liegendes Haus. Sein großer Garten war aus dem Walde ausgespart. Er war geöffnet, und ich trat ein, um mich ein wenig zwischen den Blumen zu ergehen, die auch den letzten Winkel farbig und üppig wie Sammet ausfüllten. Besonders prächtig leuchteten die mannslangen rotgelben Trauben einer Rebe, die an unsere Glyzine erinnerte. Die Blumen atmeten träumend in praller Lichtflut; ihr Schweigen war nur belebt vom Schwirren zahlloser Schwebefliegen, die sie heimsuchten. Hier hatte ich ganz deutlich, greifbar das Bewußtsein der Verzauberung. Im Zauberbanne liegen heißt: gelähmt sein, schlafen, träumen, während die eigentlichen Mächte sich enthüllen, sich wiegen wie Falter über uns. Die Blumennähe ist dabei kein Zufall – erwachen doch unsere Pflanzensinne, unser vegetatives Dasein inmitten dieser Welt von schweigenden Zeichen, die mächtiger als die des Willens ist.[21]

~

Wie schon in Pernambuco, so sprachen mich auch hier die stillen weißen Häuser am Rande der Stadt auf eine besondere und eindringliche Weise an. Sie liegen wie ausgestorben in der schwülen Dämmerung. Man hat den Eindruck, daß das Leben erst um diese Stunde langsam in ihnen erwacht oder daß sie vielleicht auch unbewohnt und nur von einem wollüstigen Fluidum durchbadet sind. Man hört, wenn man an ihnen vorübergeht, kaum einen Laut, außer den schrillen Tönen, die große, in den Gebüschen verborgene Zikaden hervorbringen. Zuweilen atmen die Gärten einen Duftstrom aus, stärker als Heliotrop, Jasmin, Vanille, vor dessen betäubender Essenz der Atem stockt. Über die Zinnen der hohen und blendend aus dem Dunkel strahlenden Mauern hängen übertrieben Blüten nieder, so die in flammendem Gelbrot herabrieselnden Trauben einer Akazie, die wie Raketenschüsse die Sinne aufrühren, oder die armlange Dolde eines riesigen Goldregens. Vor allem aber leuchten zahllos die roten Blüten des Hibiskusstrauches mit einer bis zum Schmerze berührenden Glut. In diesen schweigenden Residenzen scheint das Unbekannte geheimnisvoll zu warten – reglos, doch wach bis zum Skorpion, der unter der Schwelle ruht.[22]

~

Hinter dem Hause dehnte sich bis an die Linie, an welcher der nackte Fels aus dem Boden trat, ein Gewirr von Gärten, das vom Laube großer Ölbäume beschattet war. Hier wurde die Einsamkeit außerordentlich. Die einzelnen Gärten waren durch halb verfallene Mauern getrennt, auf denen die gelben Blütenbäusche von Spiräen aufschäumten. An dichten Hecken von Maulbeerbüschen rankte sich eine Schlingpflanze, unzählige weiße Sternchen entfaltend, empor. An ihren Behängen funkelten große Rosenkäfer in feurig goldenen, erzgrünen und veilchenfarbigen Spielarten von metallischer Durchsichtigkeit. Zuweilen fielen sammetgelbe, mit schwarzen Augenflecken geschmückte Hornissen oder stahlblaue Hummeln in die Blütenpolster ein. An offenen Stellen sonnte sich der Scheltopusik, eine große, glänzend laubfarbige Schleiche, die beim leisesten Geräusch raschelnd in den Büschen verschwand. Einmal,

dichter am Meer, bekamen wir auch die schönste der europäischen Schlangen zu Gesicht, die zierliche Leopardennatter, die auf mahagonibrauner Grundfarbe blutrote, schwarz gesäumte Makel trägt.

Diese zauberhaften Gärten, in denen sich der Atem diokletianischer Zeiten bewahrt zu haben schien, wurden von einem bereits versiegten Bach durchschnitten, in dessen stufenförmigem Bett das Wasser in großen Lachen stehen geblieben war. Hier beobachteten wir zuweilen die Würfelnatter auf der Jagd; sie schwamm so reißend, daß das vordere Drittel ihres Körpers mit dem hoch erhobenen Kopfe senkrecht aus dem Wasser stand. Ihr Anblick hatte etwas Schreckliches; der Grund lag wohl darin, daß sie sich nicht wie die natürliche Schlange in horizontalen, sondern wie die Schlange unserer Träume in vertikalen Windungen zu bewegen schien.[23]

~

Valentino hat mehrere Gärten, den Gemüsegarten am Friedhof mit Wasserrad am Brunnen, den Weingarten an der Straße nach Castiadas,[24] den kleinen Fruchtgarten, der an die Lagune des Rio Campus grenzt. Dieser ist mir der liebste – wie oft kam ich an ihm vorüber, wenn mich am Vormittag die Sonne durchglüht hatte. Kaum fand ich den Eingang, denn die zerfallene Mauer ist unter Brombeergesträuch verborgen, das die Opuntien durchflicht. Dann aber war es wie im Garten Eden, still, friedlich, unberührt. Was hier in Fülle reifte, schien kaum Arbeit zu fordern; die Reben zogen sich wie Unkraut durch das hohe Gras. Doch wenn man sie aufhob, waren sie von Früchten schwer. Da wuchs vor allem eine helle mit dünner Schale, die sich im Laub verbarg. Ebenso gab es Feigenbäume mit besonders guten Sorten; man mußte warten, bis die Fruchthaut gesprungen war. Nicht einfach war ein Pflaumenbäumchen wiederzufinden; es war klein und verwachsen, auch trug es nicht in jedem Herbst. Valentino hatte es mir gezeigt. Die Frucht war schmal und länglich wie eine übergroße Olive, goldgelb und von einer Süße, wie jemals auf einer Tafel, sei es im Norden oder Süden, sie gekostet zu haben ich mich nicht entsann. In manchen Jahren gab es dort auch Brombeeren. Meist aber war es so heiß, daß sie vor der Reife vertrockneten.

Nach langen Meer- und Sonnenbädern war dieser Garten die Oase vor dem staubigen Rückweg zur Stadt. Die Vögel flogen an und ab. Besonders eine blaue Amsel ist mir noch in Erinnerung und auch die grün und schwarz gescheckten Eidechsen, die sich auf dem Stein sonnten. Das waren Mittagsstunden, die viel Trübes aufwogen. Die Alte Mutter war im Festkleid, trat etwas näher und heimlicher heran.[25]

~

Früchte. Die grünen und blauen Feigen fehlen auf den Ständen; die gelben sah ich erst ein Mal. Auch die verschiedenen Sorten von großen und kleinen, ovalen und runden Pflaumen sind längst geerntet – dafür kommen Weintrauben, gelb, grün, blau, schwarz und rot. Eine der Reben, die sich bis hoch in die Pappeln ranken, trägt zweifarbig: hellgrüne Beeren zwischen roten, deren Nuance schwer zu beschreiben ist: purpurviolett. Ich assoziierte sie als »Jugendstilrot«, wahrscheinlich in Erinnerung an elektrische Lämpchen im hannöverschen »Tivoli«.[26]

Zu rühmen sind die Pfirsiche und die Tomaten – beide von einem Aroma, wie man es weder bei unseren einheimischen noch an den importierten kennt. Besonders günstig ist das Klima den Cucurbitaceen[27] – das fiel mir schon vor zwei Jahren auf. Melonen stapeln in Bergen, vor allem die grünen, zuweilen auch gescheckten, Wassermelonen, mächtig wie die Kanonenkugeln, auf denen Münchhausen ritt. Sie sind rund oder oval, aufgeschnitten fleischrot und schwarz gekörnt. Fast ebenso häufig und ebenso groß ist eine grüne Zuckermelone, viel kleiner eine gelbe, längliche Art. Köstlich eine gerunzelte Sorte, deren Ende sich zitzenförmig spitzt. Sie schmeckt am besten kurz vor der Zersetzung, wenn schon die kleine Taufliege die Schnittfläche umschwärmt.

Die Kürbisgewächse gedeihen in diesen Klimaten, in denen tropische Feuchte mit heißen Winden abwechselt. Die Gurke schmeckt hier ohne Salz. Täuschend ähnlich sehen ihr die Luffafrüchte, deren horniges Skelett als Badebast dient; sie hängen dicht nebeneinander an den Hausmauern oder Pergolas herab. Sonnenschutz geben auch die breiten Blätter des Flaschenkürbis', dessen schwere Kugeln in gerade oder gekrümmte Stiele münden, die, wenn die Frucht getrocknet ist, den Flaschenhals darstellen.[28]

~

Ja, Feige und Lavendel sind ganz verschiedene Gewächse, obwohl man sie oft nebeneinander am gleichen Hange trifft. Jede Pflanze hat ihre Aura oder, wie die Alten sagten, ihre Tugend; sie hat ihre Freunde und Verehrer, ihre Mythen, ihren Zauber, ihre Gifte und Heilkräfte. Sie hat ihr Wachstum, nicht nur aus dem Keimgrund in die ausgedehnte, sondern auch aus der Substanz in die qualitative Welt. Hier beginnt der Reiz der höheren Botanik, der Wissenschaft von den Geheimnissen der Pflanzen, die zu den Zweigen der Symbolik gehört. Jeder Mensch hat nicht nur sein Sternzeichen und sein Wappentier, sondern auch seine Blume, seinen Baum, seine Frucht. Es gibt hier ein Entzücken, zu dessen Erklärung Duft und Farbe nicht genügen; es muß auf Verwandtschaft beruhen.[29]

~

Die südliche Sonne bringt zwei entgegengesetzte Wirkungen hervor, indem sie den Gemüsen einen zarteren, den Kräutern einen kräftigeren Geschmack verleiht. Der Unterschied rührt daher, daß die einen im gut bestellten Boden nicht Zeit finden, die Fasern auszubilden, während die anderen an heißen Hängen und Mauern die Säfte eindicken. Sie stammen aus der Macchia oder werden noch dort gefunden, wie etwa der Rosmarin, der baumartig gedeiht. Er wächst in Gesellschaft von anderen stark duftenden Pflanzen wie des Ysop, der Raute, des Lavendels, des Thymians.

Der Fenchel ist hier wie dort zu Hause; er wird als Gemüse in den Gärten gezogen und als Würzkraut in den Bergen gesucht. Sein Grün zerfiedert sich zu zarten Schleiern, in die das Wasser durch Kapillaren steigt. Es wirkt ungemein erfrischend, besonders in der Frühe, wenn die Sinne noch empfänglich sind. Die Luft ist reiner, durchsichtiger als am Mittag; wenn wir vor den Toren wandern, scheinen die waldlosen Berge nahe herangerückt. Wir begegnen Hirten, die zu Fuß oder zu Pferde den Herden folgen, und zweirädrigen Karren, die von rostbraunen Ochsen im Joch gezogen, zum Markt fahren. Sie sind hoch mit Gemüsen beladen; Schichten von Zwiebeln, Lauch und Fenchel sind auf schmaler Fläche getürmt. Das Weiß der Knollen scheint getrübt; es wird durch ein Geflecht hauchfeiner Würzelchen gedämpft. Bei jedem Schritt der Tiere bewegt sich wiegend die grüne Last.

Inmitten des auf rote, gelbe und violette Töne gestimmten Landes erquickt der Anblick die Augen wie ein Krug kühlen Wassers den Dürstenden.[30]

~

Die Limonenbäume trugen Blüten mit grünen und gelben Früchten zugleich, die Feigen hatten noch kaum angesetzt, doch dafür reiften die Nespoli[31] heran. Der Wein begann zu blühen; an den Berghängen gilbte bereits das Korn. Die Opuntien hatten auf ihre fleischigen Blätter die Knospen aufgesteckt, während noch letzte Früchte auf den dunkelgrünen, metallischen Gerüsten abglühten.

In großen Hainen waren die Mandelbäume schwer behangen mit flacher, filziger Frucht. Der Kern ist jetzt noch wasserklar, wird später milchig und endlich fest; die Schale versteinert dann. Zwischen den Bäumen, die die Hänge scheckten, wuchs üppiges Gras mit zahllosen gelben Margeriten oder war Getreide gepflanzt, das mit Beeten von Erbsen und Puffbohnen wechselte, deren Kraut bereits abdorrte. Man hat mehr den Eindruck von Garten- als von Feldarbeit; der leicht geritzte Boden spendet Überfluß. Schön ist bei solcher Südfahrt, wie auch im Innern der Winter schwindet und sich die Welt erneuert.[32]

~

Mein Lieblingsbaum jedoch in diesem Garten war ein unscheinbares und kränkliches Pfirsichstämmchen, das Bohrer[33] zuweilen sorgenvoll betrachtete. Sein kümmerliches Wachstum hing ohne Zweifel mit den zahlreichen ovalen Bohrlöchern zusammen, von denen sein Holz zerschnitten war. Bohrlöcher dieser Art pflegen die Prachtkäfer auszuschneiden, metallisch gefärbte Insekten, die als die wahren Kinder der Sonne zu bezeichnen sind. Die höchste Glut des südlichen Mittags verleiht ihnen ein außerordentliches Leben; mit ihren kahn- oder torpedoförmigen, ganz auf den Flug zugeschnittenen Körpern schwirren sie glühend und funkelnd im Licht. Inmitten der tiefen Einsamkeit verbrachte ich manche Mittagsstunde an diesem Ort im Banne des schlafenden Pan.

Zunächst fiel mir ein großer schwarzer Geselle auf, dessen wie poliertes Eisen schimmernde Flügeldecken mit kreideweißen Schuppen gemustert waren und in dem ich einen alten Bekannten wiederfand. Ich hatte ihn bereits gejagt, als ich vor Jahren in Gesellschaft eines befreundeten Mafioten durch die große Macchia gefahren war, die sich zwischen den sizilischen Küstenstädten Cefalù und Sant' Agata Militello erstreckt; auch hatte ich ihn in dem zauberhaften Park La Favorita, der sich in sarazenischer Pracht vor dem Löwentore Palermos breitet, zahlreich auf Johannisbrotbäumen entdeckt. Ein kleiner, unten glänzend kupferroter, oben matt bronzefarbiger Verwandter saß wie erstarrt an dem verwitterten Stamm; nur das elektrische Zittern der zierlichen Fühlhörner verriet, welches Leben in ihm war. Äußerst beweglich dagegen wie eine schönfarbige Fliege spielte in den obersten, wipfeldürren Zweigen eine flüchtige, grün und golden schimmernde Art, die auf ihren Flügeldecken, wie durch einen Münzstempel eingeprägt, sechs dukatenfarbige Grübchen trug.[34]

~

Wenn die Sonne ihre höchste Kraft erreicht hatte, drangen wir zuweilen in das glühende Gestrüpp der Macchia ein. Zypressen, Stecheichen, Lorbeer, Oleander und Rosen hatten sich

hier zu dichten Gebüschinseln verflochten; zwischen ihnen waren die weißblühenden Polster der Zistrose eingebettet, die einer Anemone des Hochsommers gleicht. Die unübersehbare Buschlandschaft war ganz von einem wunderbaren, trockenen und dornigen Geruch erfüllt, der sich in den Tälern und Mulden betäubend verdichtete. In unsichtbaren Flüssen strömte der balsamische Dunst der harzigen Hölzer und der flüchtigen Blütenöle herab, um sich in diesen heißen Kesseln und Becken zu vereinigen. Von den Tieren, die hier schwirrten, gefiel mir vor allem ein winziger Prachtkäfer in Purpur und Grün, der wie ein doppelfarbiger Turmalinschliff in den Zistrosen funkelte.[35]

~

Scharen von Bienenfressern gaben uns Geleit. Die Brust des herrlichen Vogels strahlt meerblau, die Kehle gelb, das Auge prachtvoll rot. Das Obergefieder ist orangefarben und wird bei Wendungen ins Kupfergoldene erhöht. Der schwirrende Flügelschlag wechselt zuweilen mit einem sichelnden Segelflug. Wenn diese Zauberschwalben in Schwärmen mit ihrem Lockruf über südlichen Städten kreisen, verleihen sie ihnen traumhafte Tiefe, wunderbaren Sinn.[36]

~

Wir verbrachten den Vormittag mit der vergeblichen Suche nach dem Rodinotal[37] und durchstreiften die Macchia – nicht ohne Gewinn.

Merkwürdig war eine junge Ziege, die sich uns anschloß und zuweilen die Nüstern an uns rieb. Vergebens versuchten wir sie zu vertreiben; sie hatte uns in ihr Herz geschlossen und ließ auf unseren Irrwegen nicht von uns ab. Endlich erreichten wir wieder das unbewohnte Gehöft, aus dem sie gekommen war, und schlossen sie in einen leeren Stall ein, da wir befürchteten, sie würde uns auf eine der befahrenen Straßen begleiten und dort umkommen. Allein sie mußte Mittel und Wege gefunden haben, sich zu befreien, und bald war sie wieder fröhlich auf unserer

Spur. Wir kehrten also wieder zum Gehöft zurück und fanden dort einen Strick, mit dem wir sie anbanden. Noch lange hörten wir ihr klägliches Geschrei.[38]

~

Wir fanden einen oberen Weg, der sich durch rosa blühende Myrten dahinschlängelt. An beiden Hängen laubreiche Bestände von alten Platanen, Kermeseichen, Eschen, zwischen denen Scharen bunter Vögel hin- und zurückschweben. Sie überfliegen dabei die Kronen der Öl- und Feigenbäume der bestellten Striche in der Tiefe des Bachgrundes. Oft faltet sich der Fels zu kühlen Grotten ein. Auch mikrokosmisch neigt er zur Höhlenbildung, und diese Schwammigkeit, zusammen mit den Flechtenbehängen, schafft eine weiche und angenehme Oberfläche, als ob der Steingrund das Leben unterstützte und bereicherte.

An einer kleinen Ausbuchtung des Weges sprossen aus einem schützenden Gewirr von Myrten und Disteln mannigfache Orchideen auf – darunter eine, deren duftende, blaßlila Blütenstände mit gezackten Zeichen bekritzelt waren, und eine andere, gelb und dunkel gepardelte,[39] die wie mit Augen aus dem Dickicht glomm.[40]

~

Hier sollten wir, nachdem wir die Schakale verpaßt hatten, wenigstens durch den Anblick des Wildesels entschädigt werden. Noch ehe wir ihn zu Gesicht bekamen, trug uns ein Windhauch auf große Entfernung seine stechende Witterung zu, die alle bösen Dinge zu bestätigen schien, die der Studentenwitz von Jena und Halle dem Waldesel nachzusagen pflegt, der seit Apulejus'[41] Zeiten in der Zotologie eine bedeutende Rolle spielt. Wir brauchten uns also nur unter dem Winde zu halten, und unsere Spannung erinnerte mich ein wenig an die Augenblicke sinnlicher Erwartung, die man als Kind in den von Schweiß und Elefantenwitterung geschwängerten Zirkuszelten erlebt.

Wirklich scheuchten wir bald zwei Tiere aus ihrem Mittagslager auf – ein braunes Weibchen, von einem mausgrauen Füllen gefolgt, beide mit einem langen schwarzen Rückenstrich. Ihre Bewegungen hatten durchaus nichts Phlegmatisches, sie eilten vielmehr in einem schlanken Mitteltrab über Stein und Strauch dahin und stießen dabei ihr gellendes, von den Wänden des felsigen Kessels wie von einem Resonanzboden verstärktes Eselsgeschrei aus. In diesem Geschrei paart sich auf seltsame Weise der Schmerz mit dem Übermut, und zwar behält der Schmerz das letzte Wort. Hier allerdings, inmitten der glühenden Einsamkeit, hatte die Erscheinung dieser Tiere etwas ungemein Erheiterndes; sie machte uns mit einem Schlage den satyrhaften Charakter der Landschaft offenbar. Der Satyr liebt solche Schauplätze, auf denen offene Flächen schattigen Gebüschen vorgelagert sind; und es geht aus den Berichten hervor, daß der phallische Teil der Dionysosmysterien sich im wilderen Gürtel oberhalb der Grenze des Weinbaues vollzog. Bei diesen Feiern trat übrigens auch der Onozentaur auf, eine Durchdringung von Menschen- und Eselsgestalt.

Während des Aufstiegs zum Gipfel stöberten wir noch ein schwarzes Männchen auf und vernahmen überhaupt, wie die Rufe von Mittagsdämonen, bald hier, bald dort hinter Klippen und Büschen das langgezogene und sich spöttisch in der Ferne verlierende Geschrei.[42]

~

Unten das Meer: ein Ausschnitt zwischen zwei roten Wänden, oben der Himmel als blauer Bogen, vor dem im Segelflug rostbraune Falken stehen. An den Fels haben sich winzige Margeriten geheftet; die Blüte wächst aus dem Zentrum einer grünen Rosette empor. Sie halten sich trotz der Glätte, ebenso wie die grün- und schwarzgescheckten Eidechsen – nur daß sie die Schatten-, die Lazerten[43] die Mittagsseite bevorzugen.

Auf den Sockeln lauert die Eidechsennatter, hellhörig,

schattenhaft entgleitend beim mindesten Geräusch. Das stattliche Tier ist wie aus Antimon[44] gegossen, die kleinen gelbgrünen Schuppen auf der dunklen Rüstung wirken, wie Abbate Cetti in seiner Beschreibung[45] es ausdrückt, »als wäre es mit Hirsekörnern bestreut«. Hier sah ich einmal ein Stück, bei dessen Anblick mir der Atem stockte, eine uralte Wahrerin des Ortes, die lautlos verschwand.[46]

~

Uralte Efeubüsche, wahre Stämme, zogen sich, ihn dunkel musternd, am Fels empor. An ihrem Fuße sprossen aus dichtem Rasen zierliche Alpenveilchen und kleine blautraubige Hyazinthen.

Wir schritten auf halber Höhe einen Ziegenpfad entlang, bis zu der Stelle, an der er sich spurlos im Abgrund verlor. Dann stiegen wir zum Strand hinab und lasen zwischen den überschäumten Klippen Meeresfrüchte auf. Mir fiel dabei ein großer rosaroter Taschenkrebs zur Beute, während der Magister einige dunkelblaue Seeigel vom Felsgrund ablöste.

Auf dem Rückweg nach Mondello[47] rasteten wir auf einer Lavaklippe, die wie ein Kamel gebildet war. Wir sahen dort die Wogen erst dunkel, darauf grün und endlich als weißen Schaum den Strand hinaufjagen, dann sog das Meer sie wieder ein. Der helle Schlag zahlloser Uferkiesel schloß sich wie Musketenfeuer jeder Senkung an.[48]

~

Der Rückweg führt durch einen großen Weingarten. Die Stöcke prangen im frischesten Leben; zuweilen leuchtet zwischen ihren Reihen das dunklere Grün eines Feigenbaumes auf. Es scheint, daß einzelne dieser Täler, die zum Meere hin verstreichen und Wasser führen, besiedelt sind. Aber man sieht keinen Menschen und hört, außer dem fernen Gurren der Wildtauben, kaum einen Laut. Wie kommt es, daß es bei diesen Gängen im klarsten Lichte so stille wird? So stille, daß man endlich die webende Lust der Pflanzen zu hören glaubt und den Goldklang der Sonne, die sich über sie ausschüttet.[49]

~

Auch der Rückweg führte durch lange Strecken über den blanken Granit, der hin und wieder durch Kristallbänder geschnitten wird. Das Gestein hat die Farbe von »Pfeffer und Salz«; es blendet im Schliff. Bänke von außerordentlicher Härte wechseln mit Stellen, an denen der Fels zerbröckelt ist. Es kann sich dabei nicht um Folgen der Witterung handeln, da keine Übergänge zu sehen sind, sondern um Qualitäten von Anfang an. Man könnte sich vorstellen, daß es in dem großen Schmortopf Stellen gegeben hat, an denen das Urgestein »verkocht« worden ist. Diesen zerbröckelten Stellen fehlt der Schimmer; das Auge wird unzufrieden, wenn es auf sie blickt. Indem ich das dachte, sah ich eine Eidechse, die sich auf der Glätte wie auf einer Rennbahn fortgeschnellt hatte, ins Straucheln kommen, als sie auf den Grus geriet. Das Mißbehagen steckt tief in der Materie.[50]

~

In den Geröllhalden am Monte Gallo, aus denen zwischen den großen Blöcken mannshohe Wolfsmilch ragt. Die Polster der saftig grünen Blätter sind von den Blüten, die weithin leuchten, wie von Kronen überhöht. Dort beobachtete ich die Tiere, die an- und abflogen. Unter ihnen war Danacaea zigzag[51] – ein zierlicher Gesell. Die Färbung der Euphorbiaceen[52] ist meist in grellem Gelb, Grün, Rot gehalten in einer Skala, die wir als giftig ansprechen. Sie sind wohl auf die Optik der Insektenaugen abgestimmt – bunte Leuchtfeuer beim blitzschnellen Fluge durch die Sonnenwelt. Dem entsprechen nicht nur die Farben, sondern auch die Formen, zu denen die Blüten angeordnet sind: Scheinwerfer, Kandelaber, Feuerkronen, Leuchttürme, deren Spiegel der Sonne zu gerichtet sind.

Große Pflanzenfamilien sind wie Dynastien, deren Macht

nur Augen begreifen können, die nicht Arten, sondern Geschlechter wahrnehmen.[53]

~

Nach dem gewohnten Gang am Fuße des Monte Gallo ruhte ich bei starker Hitze im Garten aus. An Tieren beobachtete ich dabei, im Korbstuhl liegend, große stahlblaue Hummeln, die die Akazienblüten besuchten und das Spalier des alten Weinstocks anflogen, aus dessem dunklen Holze jetzt das Grün in schweren Sprossen bricht. Heuschrecken, die wie aus Papier geschnittene Vögel schwirrten, fielen in den Garten ein. Um eine hohe Malve kreiste eine Traube winziger Buprestiden:[54] bei tief erzblauem Körper leuchteten Kopf und Halsschild rot feuergolden auf. Die Tierchen hatten die breiten Blätter der Pflanze ausgenagt wie eine batistene Stickerei. Unweit davon in einer Mauerlücke sonnte sich der Skink, ein braunes Eidechslein, das, obwohl es Füße trägt, sich schlängelnd fortbewegt. Doch ist es in seiner Gestik unbeholfener als die Schlangen und selbst die Schleichen; es führt die Windung, statt sie in Wellen zu unterteilen, mit dem ganzen Körper aus. Die Pfoten hängen ihm dabei am Leibe wie uns die Fausthandschuhe, wenn warmes Wetter ist. Dies alles nahm ich lässig wahr, in angenehmer Erschlaffung, während der Duft wohlriechender Geranien und dichter Rabatten von Zitronenmelisse aus den Beeten stieg.[55]

~

Ich klopfte dem Eselchen noch einmal den Rücken und wünschte ihm, daß es durch die Motorpumpe nicht zu bald erlöst würde. Wir tragen ja alle unsere Last. Es paßt viel besser in diesen Garten, den es durch seine Rundgänge erhält. Und ist es letzten Endes nicht viel sparsamer? Es braucht weder Öl noch Benzin, nährt sich von Bohnenstroh und Disteln und düngt noch die Beete dazu. Und vor allem hat man noch keinen Motor erfunden, der kleine Motoren bekommt. Das Eselchen aber bringt jedes Jahr ein Junges von einheimischer Rasse;

sie tragen alle einen schwarzen Längsstrich auf dem Rücken, den an den Schultern ein Querstrich zum Malteserkreuz vervollständigt. Ihr Stammbaum wird auf jenen Ahnherrn zurückgeführt, dessen sich die heilige Familie zur Flucht nach Ägypten bediente und den Maria, bevor sie das Kind auf seinen Rücken setzte, einsegnete, indem sie das Kreuz über ihm schlug.[56]

~

Zur Villa Lante. Sie wurde vom Architekten Vignola[57] als Sommerresidenz der Bischöfe von Viterbo erbaut. Montaigne beschrieb sie in seiner Italienreise von 1580/81.[58]

Der Italienische Garten als absoluter Triumph der Architektur über die Vegetation. An keinem anderen Ort sah ich den Buchs in solcher Strenge gezogen; die Beete, die er umschließt, sind nicht bepflanzt, sondern mit roter Ziegelbreccia belegt. Würden nicht Brunnen springen, so wirkte die Anlage leblos – zum Proszenium erstarrt.

~

Warum war mir als Kind gerade der Buchsbaum unangenehm? Ich ahnte wohl, daß er sich dressieren ließe wie ein Pudel, den man nach Belieben schert. Hier gewann Lenôtre die Anregung für den Stil der Gärten von Versailles. Die Natur wird zugunsten des souveränen Menschen gebändigt; vor solchem Dekor kann er auftreten. Ich begreife wohl, wie das dem jungen Goethe um 1774 zuwider geworden war. Aber wie ists mit den Industriefassaden, in die wir Heutigen eingezwingert sind? Wer weiß, was man darüber um 2068 denken wird?[59]

~

Picknick in den Terrassengärten, die steil zum Meer abfallen. Weiße und rote Zistrosen, wilde Gladiolen, Träubel, Wicken, Opuntien, Eukalypten, Meerstrandkiefern, Oliven-, Feigen-, Mandelbäume, dahinter steinige Macchia. Sie stand schön in Blüte, doch nicht so reich wie vor zwei Jahren auf Korsika. Die großen Flächen werden durch weiße Zistrosen und gelbe

Margeriten bestimmt, weiter oben auch von leuchtendem Ginster, der sehr hoch werden kann. Die vegetative Kraft erstaunte mich hier besonders durch die Ausbrüche der Feige und des Rebstockes. Gerhard Marcks hat das in den Illustrationen zu den »Georgica« gut getroffen[60] – es muß ja auch den plastischen Geist anziehen. Was diese Ausbrüche versprechen, halten sie in der Frucht: Feige und Traube in ihrer dionysisch schwellenden Kraft.[61]

~

In den Dünen der Costa del Sol ist der Sand am Mittag schon so heiß geworden, daß er den nackten Fuß verbrennt. Er blendet, doch in den Mulden kann sich das Auge ausruhen. Dort haben sich fast über Nacht Gewebe von zarten Klee-, Lauch- und Nelkenarten zusammengesponnen; dazwischen Marmordisteln, Katzenpfoten und schon der erste silberne Lilienschweif. Dem Sonnenbad in einem der heißen Kessel schließt sich der Streifzug ins Innere an. Der weiße Seesand reicht noch über zwei, drei Ketten; die Winterstürme ließen Bänke von ausgeglühten Muscheln zurück. Kämme von Strandhafer halten sich über den rieselnden Abstürzen. Dann kommt der grüne Hügel mit der mächtigen Korkeiche, unter der die Maultiere weiden, und endlich das Ziel, Armidens Garten, die blühende Insel im Tal. Duft, Farben, Wärme verschmelzen; sie werden vom Summen zahlloser seidenfeiner Flügel begleitet, in das vom Boden die Grillen, aus den Zweigen die Vögel einstimmen.

Das war der tägliche Gang nach dem Bade – war es bei Marbella oder am Cap d'Antibes, war es am Strand von Xylokastron oder von Rhodos zwischen der kleinen Moschee und dem Pinienwald? Die Orte verschwimmen, doch nur, um sich zum Bild zu festigen. Wir suchen in ihrem Wechsel auch nicht die Gärten, sondern allein *den* Garten, den Hort der großen, festlichen Zeit. Ihm können wir uns nur im Bild nähern.[62]

~

Beim Frühstück überschlage ich die Badeplätze, die zur Verfügung stehen. Ich habe deren jetzt eine große Menge; alle sind einsam und schön. Heute entschied ich mich für die Umgebung des türkischen Kastells. Dort liegt dem Meer eine Kette von Buchten an, von Halbmonden aus geschliffenem Granit, aus dem sich, wie mit dem Lineal gezogen, die schwarzen Lavabänder abheben. Man findet glatte, vom Meere freigewaschene Flächen, andere sind mit Geröll bedeckt.

Auf einer dieser Halden sah ich einen Schatten verschwinden; es konnte nur eine Schlange gewesen sein. Was für ein Bewohner dieser dürren Weide mochte da im Geklüft verborgen sein? Die Frage bot Anlaß, eine Regel zu überprüfen, die ich von einem meiner Lehrer gehört hatte, oder von einer Lehrerin, Madame Schetty, mit der ich in einem Tessiner Tal auf Fang gewesen war. Sie unterhielt damals bei Maggia eine Schlangenfarm mit ihrem Gatten, der inzwischen ein Opfer seines Berufs geworden ist.[63] Wir waren in das entlegene Feroniatal gefahren, wo lange Steinhalden Lieblingsplätze der Vipern bilden – nicht etwa der Steine, sondern der Haselbüsche wegen, mit denen sie bestanden sind. Die Nüsse ziehen die Mäuse und diese wiederum die Schlangen an. Und in der Tat hatten wir gleich beim Eintritt in das Revier eine davonhuschen sehen.

»Jede Schlange kommt wieder«, hatte da Frau Schetty gesagt, »man muß ihr nur Zeit lassen. Wir können rauchen und uns unterhalten, nur dürfen wir nicht auftreten.« Es waren auch kaum drei Minuten vergangen, als das Tier von neuem erschien. »Da kommt die Schlange aus dem Loch.« Madame Schetty ergriff sie mit großer Gewandtheit, wobei sie sich einer langen Aluminiumschere bediente, deren Enden mit rotem Gummi bezogen waren, damit sie das Geschöpf nicht beschädigten.

»Sehen Sie«, sagte sie, indem sie die Beute in ein Säckchen schlüpfen ließ, »sehen Sie, diese ist sogar ungewöhnlich früh herausgekommen, sie wird in der Eile nicht ihr richtiges Loch erwischt haben.«

Der Episode und überhaupt des herrlichen Mittags entsann ich mich. Wie schön und einsam wird das Tessin, sobald man die befahrenen Ränder verläßt. Schettys bewohnten eine aufgelassene Mühle im Maggiagrund. Wir saßen dort abends bei Wein und polenta; der Fußboden war mit den alten Mühlsteinen gedeckt. Sie waren nun, nachdem sie sich so lange rastlos gedreht hatten, in den Terrazzo gebannt, der auch ihr Zentrum füllte, und leuchteten als erlöste Räder im Herdfeuer.

Ich setzte mich also auf eine Steinplatte mit der Absicht, beliebig lange Zeit zu warten, während die Sonne schien und die Wogen sanft wie Schleier ins Geröll schäumten.

Die Jagd hat ihren meditativen Teil, ihre innere, erwartende Seite; er ist sogar der wichtigste. Was wir sonst durch Übungen anstreben, bewirkt hier die natürliche Disziplin: Konzentration auf einen unsichtbaren Mittelpunkt. Sie setzt Entäußerung voraus. Der Augengrund des Jägers verwandelt sich in ein unbeschriebenes Blatt, die Wahrnehmung in ein gespanntes Trommelfell. Keine Regung des Wollens oder Denkens darf diesen Zustand trüben, selbst nicht der Gedanke an die Beute – leblos zieht man das Lebende, entleert die Fülle an. Notwendig mußte daher die Idee gefaßt werden, daß man das Wild beschwören könne, wenn man sich in den Zustand der Entrückung versetzt. Sie ist eine der ältesten und mächtigsten, nicht nur auf der Jagd, sondern auf allen Gebieten, auf denen Beute erwartet wird; und der mächtigste Jäger ist jener, der nie geschautes Wild beschwört.

In solchem Bann wird es oft schwierig, zu entscheiden, ob die Erscheinung dem inneren oder dem äußeren Leben angehört. So dieser Spitzkopf, durch den die Silhouette eines Felsbrockens verlängert wird. Er scheint wie ein Schnörkel aus dem Stein hervorzuwachsen, ragt wie ein winziger Wasserspeier über die Zinne vor. War das nun ein Einfall, eine Erfindung oder ein Schlangenkopf? War das das Auge: dieser schwarze Punkt, der glänzte wie der Porzellankopf einer Stecknadel? Ich hielt den Atem an, bemühte mich, die Augenlider ruhig zu halten, und glaubte dort zu beobachten, was ich hier vermied: die Kehle dieses Kopfes schien zu zittern, und über das schwarze Auge flog ein heller Blitz.

Es mußte also ein Tier sein, das auf der Zinne lauerte, doch keine Schlange, denn das Schlangenauge hat keine Lider, ist unbewegt. Ich starrte auf den Kopf des unbekannten Wesens, und der Kopf spähte in das Geklüft. Alles war Stein, ganz reglos, und doch zugleich aufs schärfste gespannte Wachsamkeit. Was tierische Existenz bedeutet in ihrer ungeheuren Gefährdung, doch auch in ihrer starken, ungebrochenen Entscheidung, das witterte in diesem steinernen Amphitheater beängstigend. Je stiller es wurde, desto unerträglicher wuchs die Spannung an.

Wie lange mochte es gewährt haben? Da tauchte wie über der Rampe einer nahen Bühne ein anderes Wesen auf, ein Kopf, verglichen mit dem des kleinen Spähers riesig, platt, schuppig, Schiefer, mit altem Elfenbein gescheckt. Dem folgte Zoll für Zoll der lange Schlangenleib. Wie sich das Tier nun unter der

Wahrnehmung der kleinsten Deckung im Geröll bewegte, das war ganz zauberhaft. Bald zierlich ein Hindernis umwindend, bald in der ganzen Länge sichtbar, glitt es im Silberfluß dahin, umleuchtet von Lebenskraft. In jeder Zelle dieses Leibes mußte unmittelbares, harmonisches Bewußtsein des Ganzen sein. Kein Tänzer, kein Dichter konnte mit ihm wetteifern.

Die Natter schlug, zuweilen den Kopf erhebend und witternd, einen flachen Bogen um unseren Ort. Nun begann auch das Köpfchen neben mir unruhig zu werden; es verschwand, aber gleich darauf erschien das ganze Tier auf der Zinne; es war eine zimmetbraune Eidechse. Sie verharrte einen Augenblick und schoß dann davon. Auch die Schlange war nicht mehr zu sehen. Ich erhob mich; das Spiel war aus.

Ein solches Amphitheater besteht fast zeitlos am Meeresstrand. Da sind die Mitspieler: zunächst die Fliegen; sie nähren sich von Stoffen, wie sie die Flut anspült. Sie stehen in der großen Hierarchie der Jagd im untersten Range und dienen den Eidechsen zur Beute, die wiederum den Wasserschlangen zugewiesen sind. Auch diese können nicht nach Belieben herrschen, denn ohne Zweifel wird sich hin und wieder ein schrecklicher Revisor einstellen, ein Reiher mit langem spitzem oder ein Adler mit gekrümmtem Schnabel, und sie kurz halten.

All diesen Wesen ist Zeit gegeben, sich fortzupflanzen und sich der Elemente zu erfreuen. Daher herrscht große, solarisch-marine Heiterkeit. Das Licht berauscht sie, jede Bewegung drängt dem Tanze zu. Aber sie müssen alle auf freier Wildbahn sterben; sie können nicht alt werden. Die Gefahr ist immer in dichter Nähe und unbedingt tödlich, wo sie nicht durch höchste Wachsamkeit vermieden wird. Daher ist immer und notwendig Elementarangst rege, die die Heiterkeit grundiert. Wie Licht und Schatten sind Heiterkeit und Angst. Auf diesen Klippen gibt es zwischen den Arten nur Macht und Schrecken; ich hatte eben einen Hauch davon verspürt.[64]

Die Vormittage hatten wir ganz den Freuden des Strandes geweiht. Schon früh verließen wir, nur in den Bademantel gehüllt, das Haus, denn die Sonne gewann bald eine außerordentliche Kraft. Unter den kleinen Buchten, die sich zu einer Kette von felsigen Muscheln aneinander schlossen, hatten wir eine gewählt, an deren Rand ein Wäldchen von Meerstrandföhren Schatten versprach. Dieser schöne Baum gedeiht an Orten, an denen er seine Wurzeln in den vom Salzwasser des Meeres getränkten Sandboden versenken und seine Krone in der brennenden Luftschicht entfalten kann, die die Sonne über flimmernden Dünen erzeugt. Dort wird er schirmartig. Vor diesem Wäldchen spannte sich als äußerste Vorpostenkette des Pflanzenreiches ein schmales Band von Salzkräutern aus. Hier wuchs der zierlich gefiederte gelbe Strandmohn und eine erzgrüne Wolfsmilchart. Zwischen den Steinen streckte eine Komposite ihre dreikantigen Blätter wie lange, fleischige Kristalle aus; ihre Blüten gleichen leuchtenden Sonnen mit Strahlenkranz.

Das halbrunde Becken, das die Bucht umschloß, war als ein natürlicher Wall aus unzähligen Steinen zusammengefügt. Der Stein steht in einem besonderen Verhältnis zur Zeit. Er stellt im Körper der Erde das Knochengerüst dar, das allen Verwandlungen in geringerem Maße unterliegt. Von Steinen umgeben, spürt man den Atem der längeren Kreisläufe, und der Augenblick fliegt wie im saturnischen Alter dahin. So waren wir jedesmal überrascht, wenn die Rauchfahne des kleinen Postdampfers die Mittagsstunden kündete.

Der Grundfels, von dem die unablässige Arbeit des Meeres gewaltige Blöcke abgespalten und sie wiederum zu breiten Geröllmassen zerkleinert hatte, bestand aus einem spröden, feinkörnigen Kalk. Angeschlagen, gab er einen hellen Klang; und an steilen Stellen entstand jedesmal, wenn eine zurückgleitende Welle die Trümmer mit sich herunter riß, ein klares

Geläut, das an die Töne erinnerte, die man in Tropfsteinhöhlen den steinernen Bändern und Zapfen entlockt. Das feine Korn dieses Gesteins kam vor allem zur Geltung, wo die Brandung seine Masse zu breiten Bänken abgeschliffen hatte – und dort griff es sich kühl, glatt und etwas speckig an wie der Rücken eines Meerungetüms. An anderen Stellen hatte der Strudel flache, kreis- oder muschelförmige Wannen ausgeschabt, in denen ein Wasser von besonderer Wärme stand. Besonders dort, wo grüne, rote und weiße Bänder den Fels marmorierten, hatten sich kleine Calidarien gebildet, wie es deren sicher auch in den Bädern des Tiberius keine schöneren gab.

Die hohen Geröllhalden konnte man als das unerschöpfliche Archiv eines Bestrebens betrachten, alle Arten der Rundung darzustellen, die denkbar sind. Sehr selten stießen wir jedoch unter den unzähligen scheibenförmigen, ovalen und zylindrischen Schliffen auf die reine Kugelform. In manche Stücke waren äußerst zierlich versteinerte Nummuliten eingekieselt, die man bei uns zulande auch Münzsteine nennt. Andere waren von den Gängen der Bohrmuschel wie von Flintenschüssen durchlocht.[65]

Abends noch am Strand. Die Welle als reine Fortpflanzung von Kraft, die den Stoff passiert. So die Schwingung des Seiles, das seinen Ort nicht verändert; die Kraft lief hindurch. Die Welle war zunächst aus der Welt des Wassers bekannt. Als Strahlungen meßbar wurden, übertrug man die Terminologie auf das Licht und die Elektrizität. Vielleicht wäre der umgekehrte Weg der Rangordnung gemäßer gewesen: die Welle als kosmisches Prinzip, das auch im Wasser »erscheint«.

Ausnahme: die Welle, die an den Strand brandet. Hier verschmelzen Stoff und Bewegung: Die Welle wirkt als Wasser und zieht sich als solches zurück. Zugleich überraschen neue Phänomene: Die Welle wird als Brandung hör- und sichtbar; sie schäumt und schlägt wie ein Hammer auf.

Ähnlich die Strahlung im Universum: nachdem sie unsichtbar unfaßliche Räume durcheilt hat, erzeugt sie im Anprall Ton, Licht und Farbe als Wunder, das sich manifestiert.[66]

~

Selbst wenn die Welle bei fast ebenem Spiegel nur leise anfährt, hören wir das feine Scheuern, mit dem sie die Steine wendet und nach sich zieht. Kommt es zur Brandung, so folgt dem Aufschlag ein Rollen und Klirren, als schlügen Kugeln auf den Grund. Bei hartem Seegang prallen schwere Blöcke wie bei einer Kanonade an die Riffe und Felsküsten. Während der Winterstürme wird im großen vorgeschüttet; Einstürze und Abbrüche verändern die Strandlinie.[67]

~

Wieder an der linken Strandseite. Herrliche Brandung. Ein Delphinschädel.

Der Sand und die Woge. Jede zurückflutende Welle hinterläßt ein Muster, das jede anflutende löscht. Ein Tableau wird verworfen und ein neues entworfen; im Rückzug öffnet sich die Tür. Kein Übergang – ein echter Stilwandel.

Der Sand wird nach Fein- und Grobkorn gesondert, doch

zugleich durch Streifen und Bänder verflochten, als ob materielle und geistige Kräfte sich zum Muster vereinigten.[68]

~

Dem folgt die Prüfung der Strandlinie. Hier ist sie dicht mit flachen Querschliffen bedeckt, über die man barfuß wie über Fliesen gehen kann. Manche sind fingerförmig, andere oval, handtellergroß. Viele sind wie mit Silber besprüht – die Punktierung ist so fein, daß sie nur im Sonnenlicht erscheint.

In einem Brocken von Marmorkalk hat sich der Gang einer Bohrmuschel erhalten; das Stück wird vor langer Zeit aus einer Klippe gebrochen und von der Brandung gerundet worden sein. Einst hatte die Muschel sich hier eine Zuflucht geschaffen; man kann sich kaum eine Burg von größerer Sicherheit vorstellen. Es ist nur ein Ort vonnöten, an dem die Strömung genügend Plankton vorübertreibt. Das ist die Art von Zöllnern und Raubrittern.

Als Fundstück sind diese durchbohrten Steine im Strandgut nicht selten; manche sind so klein, daß man sie an den Schlüsselbund hängen kann. Andererseits erstaunte mich in Liberia ein Felsblock, der noch belebt war und der sich bei Ebbe am Ufer erhob. Er war gemustert wie eine Hieroglyphensäule und bot auch wie diese reichlich Stoff zum Nachdenken. So fiel mir auf, daß rings um die bewohnten Gänge mehr oder minder tiefe Gruben, oft auch nur Punkte, eingezeichnet waren – offenbar hatten zahllose Larven hier zu schürfen begonnen, doch ihr Werk nicht vollbracht. Hatten sie der Brandung nicht widerstehen können, oder waren sie Feinden zum Opfer gefallen – etwa Meerschnecken, die das Gestein abweiden? Jedenfalls kamen auf ein Glückskind hundert andere, denen die Landung mißlungen war.

Doch gehen wir weiter: Selbst diese, die sich, sei es erfolgreich oder als Versager, einzeichneten, bilden nur einen Bruchteil der Geschwister, die als Eier der Flut anheimgegeben wurden – das Meer ist gefährlich und von Feinden bewohnt. Und noch eine Stufe tiefer: von zehn- oder hunderttausend Spermen hat nur eines das Ei befruchtet, das sich sogleich nach der Begattung schließt.[69]

~

Hier, wie an vielen anderen Stellen des Mittelmeers, fiel mir wieder auf, wie wenig Tiere man eigentlich an den vom Tageslicht erleuchteten Stellen des Meeres zu sehen bekommt. Das Element des Wassers ist jeder Annäherung und damit auch jedem Zugriff günstiger als das der Erde; der Verzehr in ihm ist lebhafter. Auf den ersten Blick sichtbar waren nur stark gepanzerte Arten – Muscheln, Krabben und Einsiedlerkrebse, braune Seewalzen und Kolonien dunkelblau aus der Tiefe hervorleuchtender Seeigel.[70]

~

Der Kieselstrand hat seinen Namen verdient. Noch an keinem Orte sah ich eine so ungeheure Masse von Kieseln aufgehäuft. Sie sind mattgrau und von einem Netz haarfeiner Quarzadern durchwoben, die sich überschneiden wie die Linien der inneren Hand.

Am schönsten geht es sich an der Strandlinie, wenn die Wellen nur sanft anschlagen. Die Kiesel drehen sich dann ein wenig und folgen dem Sog mit einem leichten, heiteren Klingen, das die Sorgen vertreibt.[71]

~

Ich hätte kaum bis zwanzig zählen können, als einer der Scarabäen, die als gewaltige Flieger den Strand abstreifen, angeschwirrt kam und mit großer Sicherheit neben der Hinterlassenschaft des Ziegenbocks landete. Daß er bei diesem Sturm die Witterung bekommen hatte, deutet auf große Sinnesschärfe hin. Sogleich begann er, mit dem wie eine Säge gezackten Kopfschild ein Stückchen der Beute abzutrennen, das er mit Hilfe der Vorderbeine zu einer Kugel formte, die er sodann, indem er sie mit den ad hoc gebogenen Hinterbeinen umfaßte, rücklings davonrollte. Im Nu war er entschwunden und ließ nur eine schmale Kettenspur im Sande zurück.

Während er noch am Werk war, erschien ein zweiter Scarabaeus und rollte bald gleichfalls seine Kugel davon. Ein dritter und ein vierter folgten; diese gerieten in Streit, wobei sie sich mehrere Male aneinander aufrichteten und auf den Sand warfen. Endlich ließen sie voneinander ab, und jeder drehte seine Kugel für sich. Endlich kam noch ein fünfter, der mit dem vierten verträglich umging und mit ihm die Pille abrollte.

Damit war der Raub beendet, und ich blieb auf dem Schauplatz zurück, indem ich über die Verteilung der Rollen nachdachte. Ich reimte sie mir so zusammen, daß es sich um vier befruchtete Weibchen gehandelt haben dürfte, von denen sich das dritte und das vierte gestritten hatten, weil die Materie schon spärlich geworden war. Zuletzt kam dann noch ein Männchen dazu und half beim verdienstvollen Werk.

Der Scarabaeus gehört zu den Tieren, die sich auf den Hinterbeinen aufrichten, wie etwa der Frosch, der Hase und der Affe, und an denen der Mensch immer einen besonderen Anteil nimmt, sei es, daß er sie als komisch empfindet oder zu Personen der Fabel macht.

Warum mögen ihn die Ägypter zu ihren heiligen Tieren gezählt haben? Heiligmäßig ist ja sein Wandel, insofern er nicht einmal den Schaden eines Vegetariers anrichtet, sondern sich von den Abfällen der Pflanzenfresser nährt und so zugleich das Revier reinigt. Dann kommt die Brutpflege dazu, das Vergraben der Kugel, das bedeutsame Vorstellungen erwecken mußte inmitten einer Mumien- und Gräberkultur. Beziehungen zum Begräbnis, zur Auferstehung und zur Sonne mit ihren Auf- und Untergängen lagen nahe, wie denn auch das geflügelte Tier gebildet wurde, indem es mit den Vorderbeinen die Sonnenscheibe hält. In dieser Vorstellung verbirgt sich ein großer Triumph.

Aber das sind Bruchstückbetrachtungen, wie wir sie lieben, ist bloße Zurechtlegung. Den Schöpfer überführt man nicht durch Indizien. Die Alten besaßen auch für die Göttlichkeit der Tiere noch das unmittelbare Auge, das keine Begründung braucht. Die Fähigkeit ist uns, wenn nicht verloren gegangen, so doch auf wenige Augen und auf den seltenen Augenblick beschränkt. Daher ist unsere Zoologie, unser Wissen von den Tieren, heute auch minderwertig, mit jenem früheren verglichen; es besteht aus einer ungeheuren Menge von Einzelheiten, aus denen wir dürftige und zum Teil unsinnige Schlüsse ziehen.[72]

~

Daß es Granit und Granite gibt, dessen wird man dort unten auf Schritt und Tritt belehrt. An manchen Stellen des Strandes sieht man ihn in grobschrötrigen Grus verwandelt und gleich darauf bei Porto Giunco[73] als harten, grünlichen Fels anstehen. Geht man von dort zum Torre Vecchio oder steigt zum Monte Mereo hinauf, so überquert man große Bänke, die im Korn so locker gefügt sind, daß der Schritt unsicher wird. Als ob ein gewaltiges Netz darübergeworfen wäre, sind diese Flächen durch weiße Quarzstreifen geteilt.[74]

Steilküste mit vorgelagerter Geröllbank und Granitklippen. Zu einer von ihnen schwammen wir hinaus, um uns zu sonnen; der Stein war glatt und warm. Wieder erstaunte mich in dieser Granitwelt das Nebeneinander verschiedenster Konsistenzgrade. Hier war der Fels hart und in großen Stücken zu Säulen oder Sarkophagen schleifbar, dort mehr oder minder bröcklig, dann bröselig. Oft geht ein und dasselbe Massiv in diese Zustände über, deren Verschiedenartigkeit also wohl weniger auf ihrem Chemismus als auf mechanischer Einwirkung beruht.

Der Reichtum der Macchia in dieser Bucht, in der auch Reben gezogen werden, übertraf alles, was wir bislang auf der Insel gesehen hatten. Das galt sowohl für die Fläche wie für den einzelnen Busch. Vielleicht kann diese Pracht nicht länger als einen Tag währen. Das Sternenmuster der Blüten prägt sich dem inneren Auge ein, bis in den Schlaf.[75]

~

Dann Strandgang in Richtung Cherssonissos, den Klippen entlang. Dort zwischen dem Gefels eine Mulde zum Sonnenbad. Das Wasser, grün und in den Wellen violett, war angenehm. Kleine Turmschnecken, bräunlichweiß marmoriert, zwischen den Tangschöpfen, jede von einem Einsiedlerkrebs bewohnt. Zuvor hatten wir ein wenig in den rockpools gefischt.[76]

~

Ernstels Geburtstag; er würde heut fünfundvierzig Jahre alt.

Wieder im Strandnest. Das Meer war dunkelblau in den Wellen und blaßgrün in den Tälern – so faßt das Gefieder des Pfauenschweifes die Augen ein. Blau- und grünes Muster hieß die »Narrenfarbe«[77] – das gilt nicht in der Natur, deren Einheit so mächtig ist, daß sie jeden Kontrast bezwingt.

Es war Sonntag; vor uns fischten zwei junge Griechen mit Dreizack und Maske; wenn sie eintauchten, leuchteten ihre grünen Flossen in der Sonne wie die von Seetieren.[78]

Die Sonne beginnt eben, die westliche Steilwand der marina zu färben; sie wird nun vier Stunden auf den Steinen glühen. Ich berge den Cestino[79] im Schatten und streife die Kleidung ab. Das Bad ist erfrischend, doch hat es zugleich etwas Unheimliches, als ob aus dem Unergründlichen Schatten heraufquirlten. Die Gefahr ist namenlos im Element begründet; sie nimmt keine Formen an, doch zwingt sie zu tieferer Atmung, zu schärferer Wachsamkeit.

Der Schwimmweg umrundet die steile Nase des Kaps und führt zwischen den Klippen hindurch, die den Strand abschirmen. Sie bilden von den Möven bekalkte Lava-Inseln oder tauchen nur aus der Tiefe auf, wenn die Woge sinkt. Andere verraten sich durch grüne flutende Schöpfe von Seetang und Algen und wiederum andere, noch tiefer verborgene, durch weiße Schaumkränze. Die Schiffer pflegen reichlich abzuhalten, und selbst die Langustenfischer versenken, obwohl der rote Grund hier gut ist, die Körbe außerhalb.

Hinter dem Felsen ist, nicht breiter als ein Zimmer und vom Land her unzugänglich, eine kleinere Bucht versteckt, die ich entdeckte, als ich zum ersten Mal das Kap umrundete.

Damals glaubte ich an einen Augentrug, als ich in der grellen Sonne ein Gerippe erblickte, das den Strand der Länge nach ausfüllte. Nach der Landung erkannte ich jedoch das wohlerhaltene Skelett eines großen Meersäugers. Ein Wal, der »capidoglio«[80] der Fischer, mußte zwischen die Klippen geraten und dann gestrandet sein. Man sieht solche Skelette als Deckenschmuck der Alchimistenküchen und -laboratorien. Ich löste mir zum Andenken eine der kleinsten Rippen ab.

Heute ist keine Spur des Wales mehr erhalten, doch geblieben ist das Geräusch, das mich damals zugleich mit seinem Anblick befremdete: ein Ächzen und Stöhnen, dann ein Blasen und Schnaufen, als ob ein Ungeheuer atmete. Als ich ihm nachging, fand ich, daß es aus einer Höhle kam.

Die Neptunsgrotte – sie ist nur schwimmend zu erreichen; ein schmaler Eingang führt in die kühle Dämmerung des Vorhofes. Dort ist das Wasser knietief und so kristallklar, daß die Kette von Seeanemonen, die seinen Spiegel säumen, in der Luft zu schweben scheint. Unter der flachen Decke brütet die Felstaube. Im Hintergrund setzt das Gewölbe sich in dunklen Schächten fort. Die Klüfte verlieren sich im Untergrund. Sie füllen und leeren sich mit dem Seegang wie eine riesenhafte Lunge; hier begegnen sich das Meer mit seinen ungeheuren Kräften und die Unterwelt. Dem schäumenden Stoß folgt ein Ächzen, dann das stöhnende Ansaugen aus der Tiefe und das hohle Poltern, der malmende Umgang des Gesteins. Neptun und Pluto messen ihre Macht. Schon an der Schwelle wird es unheimlich.

Draußen hat jetzt die Sonne den Mittagspunkt erreicht. Sie brennt an der roten Wand, glüht auf der Brust, der Stirn, den Armen, die sich ihr zuwenden. Bis an den Horizont dehnt sich das Afrikanische Meer, schweigend, ohne Segel, ohne Schaumkrone.

Das ist das Ziel; die Elemente haben sich am Mittag in ihrer Reinheit voneinander abgehoben; das Auge ist von allen Einzelheiten, der Geist von jeder Reflexion befreit. Das läßt sich, wie jedes Gleichgewicht, nicht länger halten als einen Augenblick.[81]

~

Dafür entdeckte ich im Flachwasser ein Naturbad, das auch das Genie eines Vitruv[82] nicht vollkommener hätte ersinnen können, einen im Meer verborgenen Jungbrunnen. Der Trachyt[83] hat die Eigenschaft, sich durch lange Risse aufzuspalten, die an ein Kanalsystem erinnern oder auch an die Gassen einer versunkenen Stadt. Ähnlich zerklüftet sich der Helgoländer Buntsandsteinsockel, auf dem ein outsider das alte Atlantis entdeckt haben will.[84]

Beim Umherstreifen durch das Geflecht der Gänge stieß

ich auf einen mit Seemoos gepolsterten Sitz im Gestein. In die Rückenlehne war eine Kimme eingeschnitten, bis zu der die Wellen hinauffuhren. Der Sessel war in eine vom Strudel ausgeschliffene Wanne eingelassen, in der das klarste Wasser stand. In diesem Becken schwammen durchsichtige Garnelen, von denen ich in der Bewegung nur die schwarzen Augen sah, doch auch die zierliche Gestalt, sobald sie, was sie gern taten, auf meiner Brust ausruhten.

Die Wellen brachen sich schon an den Klippen; zuweilen schäumte einer ihrer Kämme durch den Ausschnitt und frischte das Wasser auf. Freilich ist keine Welle wie die andere. Manche sprangen nur mit einem Kopfguß in das Becken; die starken kündeten sich durch ihr Rauschen an. Dann galt es, sich mit Armen und Beinen wie eine Krabbe zu verankern, bevor der Sturz hereinbrach und die Wanne in eine Walkmühle verwandelte. Wenn das Wasser sich klärte, perlte die Luft, den Leib galvanisierend, vom Grunde auf. Folgten sich höhere Wogen, so war es im Mürskessel[85] nicht lange auszuhalten; die Muskeln wurden bis in die Fibern durchgeknetet, die Glieder wie auf dem Streckbett gerenkt.

An solchen Tagen strich auch der Wind frischer, doch gab es im Gestein geschützte Stellen, Schwitzkammern, in denen die Mittagssonne die Kur vollendete. Die wirkte in mannigfaltigen Potenzen, im Großen wie im Kleinen, von der mechanischen Lockerung der Gelenke durch die schweren Güsse bis zur Belebung der Moleküle durch den Wassergeist. Es war das vollkommene Bad; der Bademeister war der Ozean.[86]

~

Ein dies ater[87] war der 13. September 1963, ein Freitag, der Sturm und Regen gebracht hatte. Um diese Jahreszeit kann man sich in Sardinien auf die Sonne verlassen; das Unwetter widersprach den Erfahrungen. Ich hatte am Morgen in der camera Pflanzen gepreßt und Notizen ins reine geschrieben, den Nachmittag mit Valentino am Kamin verbracht. Gegen Abend wurde es klarer; ich machte mich mit dem Stierlein zu einem Strandgang auf.

An der Küste blies der Wind noch kräftig; einige Cicindelen flogen im letzten Sonnenschein. Wir stellten ihnen nach, doch drehten die meisten nach kurzer Verfolgung leewärts und verschwanden im Nu aus der Sicht. So war die Beute gering.

Auf diese Weise erreichten wir die hohe Düne halbwegs zum Sarazenenturm. Ich hatte bereits gehört, daß dahinter, fast über Nacht wie im Märchen, ein Hotel emporgewachsen war. Hier an einem meiner alten Badeplätze war der Lido der Gäste entstanden, mit einer Reihe von Hütten im abessinischen Stil. Der Ort war gut gewählt; das mußte ich zugeben. Jetzt lag er so einsam, wie ich ihn immer gekannt hatte.

Ein spätes Bad würde erfrischen; ich kannte den Strand genau. Oft war ich hier geschwommen, meist allein, einige Male auch mit Friedrich Georg. Weißer Quarzsand mit rosigem Schimmer: getönt durch Herzmuschelstaub. Zur Linken die Klippe mit den Trichterlilien.

Das Meer war noch bewegt; die Dünung brach sich in zwei Säumen – einem höheren, der um einen Steinwurf entfernt war, und einem schwächeren am Strand. Im schwindenden Licht bogen sich die Wellen mit grüner Kehle, bevor sie aufschäumten. Das Wasser war wärmer als die Luft, auch schien es leichter zu tragen als gewöhnlich; wir durchschritten die Uferbrandung und schwammen über die entferntere hinaus. Ich hatte die Kraft des Meeres kaum je so stark empfunden; die Woge, die auch einen Ozeandampfer gehoben hätte, trug mich wie eine Feder empor. Aber rasch wurde es dunkel; ich mußte umkehren. Das Stierlein, dessen weiße Kappe ich neben mir sich heben und senken gesehen hatte, war sicher schon am Strand.

Die erste Brandung zu passieren war einfach, vor allem da nicht jede Welle sich überschlug. Die Wellenzüge kamen in Strähnen, die sich an Höhe unterschieden, wie fast immer bei unruhiger See. Nun waren bis zum Ufer noch wenige Schwimmstöße. Es war finster geworden, doch war der weiße Schaum ganz nah zu sehen, auch das Stierlein, das am Ufer ausspähte. Gleich würde ich bei ihm sein.

Die Wahrnehmung des Unheils kam unvermittelt; im Augenblick war ich orientiert. Die Tatsache war banal: ich fühlte mich wie von einem Magneten festgehalten, der mich nicht von der Stelle ließ. Es mußte ein ungewöhnlicher Sog entstanden sein, der meine schon fast erschöpften Kräfte ausglich, ja überflügelte, je mehr ich mich anstrengte. Und das zwei, drei Mannslängen vor dem Strand. Einmal versuchte ich noch wie ein Wettläufer, der sich vorm Ziel sieht, durchzudringen – umsonst, ich mußte aufgeben.

Das kam im Handumdrehen. »Gibt es denn keinen Ausweg mehr? Wenn sie ein Boot holte? Aber das würde eine Viertelstunde dauern – und du hast noch zwei Minuten Zeit.« Auch drang meine Stimme nicht durch. Die Brandung verstärkte sich.

Ich ließ mich auf dem Rücken treiben, um einige Sekunden zu gewinnen und scharf nachzudenken; im Inneren brannten alle Lichter, das Herz schlug wie ein Dampfhammer. Die Küste war trotz ihrer Nähe unerreichbar – vielleicht sollte ich im spitzen Winkel den Sog schneiden? Das dauerte länger, aber was ich an Zeit zusetzen würde, das könnte ich an Kraft sparen. Ein Hoffnungsfunke, der bald erlosch. Zwar wurde der Sog geringer, doch wirkte er nun auf die Länge des Körpers ein. Ich schwamm im Wellental durch die grundlose Nacht.

Noch einmal bog ich zur Küste ein. Zur Linken flammte ein Blitz auf, der den Sarazenenturm grell aus dem Dunkel hob. »Also der Schicksalsturm. Schon der Fisch war ein Vorzeichen.« Wieder legte ich mich auf den Rücken – ich schluckte Wasser – eine Welle drehte mich um. »Das wird hier Scherereien geben – gut, daß sie den Valentino hat.«

Von neuem schluckte ich Wasser und mußte die Position ändern. Die Wellen folgten sich; der Strand verschwamm. Die Angst war schnell gewachsen; nun wurden die Dinge katastrophal. Der Schauplatz verengte sich und wurde doch gewaltig – zwischen zwei ruhigen, glatten Wogen das finstere Tal. Es ging jetzt nicht mehr um Raumgewinn, sondern nur noch um Zeit, um zwei, drei Atemzüge noch. Zur eigenen Bewegung fehlte schon die Kraft. Ich trieb nun mehr, als daß ich schwamm, und wurde gewendet wie ein Stück Holz.

Schon einige Male hatte ich aufgeben wollen; jetzt war es soweit. Ich warf die Arme in die Höhe und stieß den Schrei aus, den Schrei der Ertrinkenden, den Schrei aus der innersten Tiefe des Wesens, der wie ein dritter Arm aus dem Munde ins Unendliche hinaustastet.

Wieder kam eine weiße Schaumwand auf mich zu. Ich wurde, schon betäubt, von ihr vorangestoßen – und als sie zurückebbte, fühlte ich mit der Fußspitze eine Spur von Grund. Ein Wunder deutete sich an. Noch einmal wurde ich gestoßen, stolperte, kroch durch den Rückstrom ans Ufer und fühlte noch, wie das Stierlein sich über mich warf.[88]

Gegen Mittag, nach dem vorletzten Bade, wurde es windstill; dann kam die Stunde der Cicindelenjagd. Das Strandnest war einige Schritt von einem flachen und fast wasserlosen Bachbett, dem Canale dei Muggini,[89] entfernt. Im Hintergrund lag eine Hausruine, wie man sie auf der Insel häufig findet, mit einem verwilderten Garten, in dem Granatapfelbüsche wucherten. Der Weg dorthin führte durch einen Sandgrund, der mit Binsen, Stranddisteln und vereinzelten Tamarisken schütter bewachsen war. Oft scheuchte ich eine dunkle Natter auf, die dort ihr Revier hatte. Das Tier floh schnell und, wie es schien, in regelmäßiger, müheloser Windung – doch wenn ich seine Spur verfolgte, fand ich sie nicht als »Schlangenlinie«, sondern stemmbogenartig als unzusammenhängende Folge von Halbmonden in den Sand geprägt. Das deutete eher auf eine schnellende als eine gleitende Bewegung und berührte einen meiner alten Händel mit dem Demiurgen: die physiologischen und anatomischen Komplikationen entfernen eher vom Urbild, als daß sie es ausdrückten. In dieser Hinsicht erweist sich der Demiurg als Autor – er umkreist, ohne es zu erreichen, das Unaussprechliche. Wer nicht auf sein Schweigen hindurchhört, wird auch über die Furcht nicht hinwegkommen. Die Schlange ruht unter der Schwelle zur heilen, friedlichen Welt. Sie gehört zu den Teststücken. »Und wie stehts mit der Schlange?« muß man fragen, wenn einer kommt und vorgibt, daß er eine der großen Aversionen überwunden hat.

Den Jagdplatz, dem ich in der Mittagshitze zustrebte, begrenzte ein mit Brackwasser gefülltes Becken, das durch den Canale dei Muggini gespeist und bei hohem Seegang vom Meer überschwemmt wurde. Es lag inmitten eines von Salz und Algen inkrustierten graugrünen Sandes, der, glatt wie eine Tenne, einen vortrefflichen Landeplatz für Cicindelen bildete. Zwei Arten tummelten sich hier: die größere Lunulata[90], die ich nach der ersten Begegnung in Dalmatien an vielen Küsten des Mittelmeeres wiedergetroffen hatte, und die flache, kleinere Sardoa, eine, wie der Name sagt, für Sardinien typische Form, die sich durch ihren besonders reichen Hieroglyphenschmuck auszeichnet.

Die Stunde, die ich hier verbrachte und die sich durch Jahre wiederholte, ist mir in durchaus angenehmer Erinnerung. Sie umschloß zwei Möglichkeiten, die ich nach Belieben wechselte: Konzentration und den »vollkommenen Genuß der eigenen Empfindung« – dieses schöne Wort stammt von Wieland, der behauptet, daß eine so in seinem Garten verbrachte Stunde allen Ruhm der Geschichte aufwiege.[91]

Zu diesem Genuß der eigenen Empfindung gehört das Zurücktreten oder die Neutralität aller äußeren Einflüsse. Die Natur muß schweigen; es muß windstill und es darf weder zu kühl noch zu warm, weder zu feucht noch zu trocken sein. Ich vermute auch, daß Wieland in der Dämmerung saß, während er diese Stimmung genoß. Was die Luft mit ihrer Temperatur, ihrer Feuchte, ihrem Druck und ihrer Ladung nebst anderen uns unbekannten Eigenschaften angeht, so ist es höchst selten, daß ihre Natur mit der unseren zu absoluter Übereinstimmung kommt. Aber nur dann wird der Körper der Angleichung enthoben; der unsichtbare Steuermann, dem sie obliegt, kann abtreten.

Ich entsinne mich nur weniger Stunden, während deren ich mit der Luft auf diese Weise harmonierte und fast identisch wurde, so am Mandrakihafen von Rhodos, und auch des Behagens, das mit dieser Wahrnehmung oder vielmehr Nichtwahrnehmung verbunden war. Geschöpfen, die im Wasser leben, muß es häufiger zuteil werden oder auch dauernd beschieden sein. Das läßt sich schon aus der Art, in der sie sich bewegen oder auch nicht bewegen, schließen; viele kehren, wie wir zu Kinderträumen, zum Stand der Pflanze zurück. Übrigens entspringt, wie so mancher Fortschritt, auch unsere Warmblütigkeit zunächst einem Mangel und der damit verbundenen Notdurft; die Große Mutter trat einen Teil ihrer Sorge an uns ab. Starke Veränderungen der Atmosphäre müssen dem vorangegangen sein, verbunden mit dem Absterben von Stämmen und der Ermattung oder der beginnenden Heimatlosigkeit anderer. Das bezeugen der Winterschlaf, der Vogelzug und ähnliche Wanderungen, wie auch die Sehnsucht nach den Küsten südlicher Meere, die uns Menschen periodisch ergreift.

Hier am stagno war es, wenn nicht vollkommen, so doch durchaus angenehm. Man konnte mit wolkenlosem Himmel rechnen; nicht umsonst liegt am Stadtrand von Carloforte eine Warte zur Sonnen- und Polhöhenbeobachtung. Vielleicht war es etwas zu heiß; der Eindruck verlor sich jedoch beim Hin- und Herschlendern teils auf der Sandbank, teils im flachen Wasser, dessen Wärme sich kaum von der der Luft unterschied. Jedenfalls wurde bald die Hauptbedingung des Genusses der eigenen Empfindung erreicht – nämlich jene, daß sich der Geist vom Andrang der Gedanken absolviert fühlte, dem rastlosen Training, bei dem er ihren Myrmidonenschwärmen standzuhalten und sie zu ordnen hat. Ein eidechsenhaftes Behagen zog statt dessen ein.

Diese Entspannung ist der Konzentration nicht abträglich. Sie ist vielmehr deren Voraussetzung, wie jeder Jäger aus Erfahrung weiß. Das gilt auch für die Subtile Jagd. Einer ihrer Reize verbirgt sich im jähen Wechsel vom vegetativen zum animalischen Lebensgefühl, von passiver Lässigkeit zu äußerst bestimmten Bewegungen. Dazu kommt die Zentrierung des Objekts, seine Einordnung in ein System von Daten, die in Jahrzehnten gehortet worden sind.

Beim Schlendern durch Sand und Wasser entging es mir nicht, wenn eine Cicindela sich in der Nähe niederließ. Meist gelang es mir, sie entweder am Boden oder im Abflug mit dem Gazenetz zu erhaschen, das ich, wie seinerzeit das Gewehr in den Träumen, unter dem Arme trug. War es eine Sardoa, so konnte ich sie gleich wieder entlassen – ich fand in ganz Sardinien kein Exemplar, das sich merklich vom Typus unterschied. Die Lunulata dagegen war genau zu studieren – sie zeichnet sich durch ein »Vierbindensystem« von Flecken und Halbmonden aus, die sich auf mannigfache Weise vereinigen oder trennen, zuweilen auch ganz ausfallen. Da gab es Überraschungen.

Wie gesagt, denke ich gern an diese Gänge zurück. Auch in ihrer Wiederholung nach nordischen Wintern lag ein großer Reiz. Die Wiederholung ist ja nicht nur die Mutter der Studien, sondern der Einprägung überhaupt. Da macht der Genuß keine Ausnahme.

Die Stunde ließ nur das eine zu wünschen übrig: daß sie nicht dauerte. Ich trug zerschossene Shorts; die Bauern und Hirten dort sind nicht gewohnt, daß man nackt badet. Außerdem brauchte ich die Taschen zur Aufbewahrung meines Teesiebs und der Flasche für jene Tiere, denen das Schicksal, in die Sammlung aufgenommen zu werden, zuteil wurde. Indem sie diese camera di morte[92] [sic] passierten, gewannen sie Nachruhm und sogar relative Unsterblichkeit, von der absoluten, die ihnen als character indelebilis zukommt, ganz abgesehen. Vermutlich wußten sie das ebenso wenig zu schätzen wie unsereiner, wenn er unter ähnlichen Umständen die Individualität verlieren soll.[93]

~

Die Ankunft dieser Tierchen zog wie ein Mannaregen allerlei hungrige Mäuler an. Bald nachdem die Lampe angezündet war, erscholl auf den Fliesen ein leises, klatschendes Geräusch; es rührte von einer gefleckten Kröte her, die mit großer Pünktlichkeit ihren Beobachtungsstand bezog, der an einer taktisch günstig gewählten Stelle innerhalb des Strahlenkegels gelegen war. Halb hinter einer Weinrebe verborgen, starrte sie mit unbeweglichen Goldaugen vor sich hin als ein Sinnbild orientalischer Genügsamkeit, denn sie verschmähte es durchaus, nach den geblendet am Boden taumelnden Motten oder den vorüberkriechenden Leuchtkäfern auch nur den Kopf zu wenden, geschweige denn einen Sprung zu tun. Sie beschränkte ihre Jagd auf den kleinsten Raum, der genau dem Umkreis entsprach, den sie mit ihrer Zunge zu bestreichen imstande war. Näherte sich eine Beute auf weidgerechte Entfernung, so schoß sie dieses Organ mit unfehlbarer Sicherheit darauf ab und zog es ebenso schnell mit dem darauf angeleimten Opfer wieder zurück.

~

Bedeutend beweglicher waren die Scheibenfingergeckos – zierliche, durchscheinende, zwischen rosa und violett changierende Echsen, die um die gleiche Stunde hinter den Spalieren hervorhuschten, um an der beleuchteten Hauswand, an der sie mit

großer Sicherheit hafteten, den Nachtschmetterlingen nachzustellen. Zuweilen stürzte dennoch einer von ihnen im Eifer der Jagd zu Boden und schlug auf die Fliesen, um im Nu von dem großen Hauskater verschlungen zu werden, der unter unserem Tische lauerte.[94]

~

Wenn ich nach solchem Ausflug vor dem Einschlafen die Augen schließe, scheint die Fahrt sich fortzusetzen, das Muster der Landschaft rollt vorbei: Olivenbäume, Blüten, Felsen in lockerem Bestand. Das sind keine eigentlichen Nachbilder in Komplementärfarben, sondern verdichtete Motive, von der Erinnerung komponiert. Der Geist antwortet; er rafft die räumliche Fülle, die Wiederholung in der Zeit. Ich nehme an, daß die Höhlenbilder auf diese Weise entstanden sind. Reproduzierende Projektion. So zeichnet man auch am Mikroskop: das linke Auge auf dem Objekt, das rechte auf dem leeren Blatt.[95]

~

Mit der Entfernung zu Casablanca nimmt das Ödland, das Steingefilde, zu. Die wüste Fläche wird nach den vier Himmelsstrichen durch die Stadt, das Meer, ein Höhengelände und einen Eukalyptuswald begrenzt. Kleine und große Blöcke von Kalktuff, die golden leuchten, bedecken es. Dazwischen breitet sich die rote Erde aus. Jetzt, im Dezemberfrühling, ist sie kostbar geschmückt; die Regengüsse weckten das in Knollen und Zwiebeln schlummernde Leben auf und ließen einen bunten Flor emporsteigen. Vor allem reichlich blüht die weiße Narzisse, in großen Büscheln mit rotgoldenem Kelchgrunde. Der Krokus, noch blattlos, steht in spitzen, amethystenen Bechern zwischen Polstern von blaßblauen Traubenhyazinthen, und weithin leuchten die silbernen Fackeln der Meerzwiebel. Näher am Strande erscheinen die Gewächse der Düne und des weißen Sandes, darunter der hohe Nachtschatten mit den gelben Äpfelchen, der an den Wegen Siziliens so häufig ist und den schon Goethe in seiner »Italienischen Reise« erwähnt.[96] Hier sind die Früchte bedeutend stärker und reichen an die Größe einer Orange heran.[97]

~

In diesem steinigen, der Wüste nahen Striche wird die Sonne dem Leben bereits zur Feindin; ihre Strahlen sind von sengender Kraft. Die Tiere folgen daher dem gleichen Rhythmus wie die Pflanzen, die während der Dürre ihre Lebenskraft in die Tiefe, in Wurzeln und Zwiebeln, hinabsenken: sie suchen im Boden und im Geklüfte ihre Verstecke auf. Daher ist ihre Färbung düster, sandfarben – selten, wie bei manchen Schlangen und anderen solarischen Geschöpfen, metallisch oder bunt. Auffällig ist, daß die Natur in ihrer Gewandung die weiße Tönung kaum verwendet, mit welcher der Mensch an seinen Kleidern und Häusern die Kraft der Strahlung bricht. Dagegen sind in der eisigen Kälte der Arktis die Pelze weiß. Das ist ein Beispiel dafür, in welch höherem Maße die Natur auf Sicherheit bedacht ist als auf Bequemlichkeit.[98]

~

Die ruhenden, hellfarbigen Kamele, sphinxhaft versteinert, nur in den Augen ein warmer Glanz. Der Geist der Wüste in der Fläche, durch Tiere, Pflanzen, Steine hindurchwebend; zugleich wurden Konturen und Profile schärfer, ausgeprägter – das Bild verdichtete sich.[99]

~

Ich bummelte dann noch in der Stadt und betrat am Boulevard Hassan II einen Laden, vor dem Kristalle und Versteinerungen auslagen, darunter aus dem Fels geschnittene Quadrate mit Anschliffen von Ammonshörnern und anderen Fossilien. Man kann sie zu Tischplatten verwenden oder als Wandschmuck aufhängen. Sie werden, wie mir der Händler sagte, im Serfoud gebrochen, einer Gegend der marokkanischen Sahara. Dort liegt eine Oase, in der ganze Häuser aus diesem Gestein gebaut sind, das bei den Eingeborenen »pierre du diable« heißt. Ferner werden dort ausgewitterte Ammonshörner von großer Schönheit im Sand gefunden; ich konnte dem Verlangen nicht widerstehen, zwei davon zu erwerben, obwohl sie nicht eben billig sind. Andererseits sind sie unbezahlbar; ich wunderte mich schon als Kind darüber, daß man solche Dinge kaufen kann. Sie liegen vor mir: okkerfarbige Lobenlinien sind eingebändert in weißen Quarz, der in sich gewürfelt ist. Erbmasse längst versiegter Meere im Zentrum der Sahara. Aber es erhielt sich nicht nur der Stein; da war auch ein Schimmer, eine Ahnung unsterblicher Lust.[100]

~

Nachklang zu Agadir. In der Nacht Fang von Großfischen. Ich saß in einem kleinen Boot, nahm nur als Zuschauer teil. Ein Schwertfisch hob sich in einer Woge; ich sah ihn im Profil. Der Fisch war durchsichtig wie das Wasser; beide unterschieden sich durch Nuancen von zartestem Blau. Dann große Beute; sie im einzelnen zu beschreiben, würde zu weit führen. Das stärkste Stück sah ich auf der Rückfahrt zum Hafen; es war köpflings an einem Mastbaum gehißt. Es war kein Wal, kein Delphin, auch kein Thun, eher ein Hammerhai; vom Rachen wallte ein Schwall blauschwarzer Haare über das Deck. Ich fragte den Fischer, der neben mir saß, nach dem Namen des Ungeheuers und hörte: »C'est le grand crêpélé.«[101]

INSELN

Inseln galt Jüngers besonderes Interesse. Sardinien, Sizilien, San Pietro, Kreta, Rhodos, später Sumatra und der indonesische Archipel – Inseln stellen für ihn Orte gesteigerten Seins dar, »Heimat im tiefern Sinn«, wie Jünger sagt. Was für das Mittelmeer gilt, das gilt für Inseln umso mehr: Hier kann sich die Auflösung des Wesenhaften vollziehen, in dem der Mensch der Rationalität und der Vernunft gefangen ist. Inseln sind Gegenzivilisationen, Entwürfe eines anderen Lebens, vorindividuelle Heimatorte, an denen der Ursprung des Lebens besser zu ahnen ist als auf dem Festland. Schon der von Jünger bewunderte Hölderlin sah das so, und Jünger folgt ihm, wenn er auf den Inseln das Idealtypische und das Wunderbare sucht, von dem sich die Menschheit mit zunehmender Technisierung Schritt für Schritt entfernt. Inseln haben eine ganz eigene endemische Flora und Fauna: Sie beherbergen Pflanzen und Tiere, die es nur dort gibt. Das faszinierte Jünger, weil es seiner Vorliebe für das Konkrete, das Individuelle, das Abgegrenzte entsprach. Schließlich haben Inseln den Vorteil, dass auf ihnen die Zivilisation der Moderne langsamer voranschreitet. Sie stellen die Nachhut des Modernisierungsprozesses dar. Jünger, der sich der schleichenden Zerstörung des Ursprünglichen bewusst war und die Einbrüche der Technik und der Hässlichkeit sorgfältig notierte, konnte auf diesen Inseln gleichsam der stillstehenden oder doch viel langsamer vergehenden Zeit zuschauen.

Die Inseln, Kontinente, Gestirne sind bei Herodot noch belebt. Wir Heutigen betrachten sie von außen bis hin zu den Satellitenbildern, sehen nur ihre Kruste, ihre Haut. Herodot kennt ihre innere, ausstrahlende Kraft. Daher wird er jetzt, wo Erdgeschichte die Weltgeschichte abzulösen beginnt, wieder besonders anziehend.[1]

~

12.15 Uhr Saloniki, dann, endlich einmal wieder, das Mittelmeer.
13.30 Uhr gezackte Inseln (Zakynthos, bei Homer »das wälderreiche«[2], jetzt aber kahl). Es könnten Wolken am blauen Himmel sein, wenn sich Oben und Unten umkehrten.
13.40 Uhr deutlich Santorin mit den beiden Teilen, sogar Thera als helles Reiskorn am Hang.[3]

~

Griechenland und seine Inseln neigen dazu, sich ins Meer auszufingern; das wird geologische Gründe haben; ich sehe darin auch das Bestreben nach innigster Vermählung mit dem Ozean. Die Klippen waren mit Tang bewachsen, von Seeigeln besternt.[4]

~

Gang durch die Gärten von Naxos bis zur Mündung des Alcantara. Zwischen den Mauern kam die Erinnerung an alte Streifzüge, während deren ich die Einschließung verdammt hatte. Nun aber empfand ich sie als ein Entrinnen aus der Turbulenz zwischen den Hochhäusern. Dunkle Geckos, braune und grüne Eidechsen huschten in die Fugen, kein Verkehr außer einem Karren, der mit Früchten beladen war.[5]

~

Während des Marsches waren Korčula[6] und die anderen Inseln dem Auge als Teile eines zusammenhängenden Festlandes erschienen; nun hoben sie sich in ihrer Mannigfaltigkeit als ein wohlgegliederter Archipel voneinander ab, und zwar in einer Schärfe, die an alte, in Kupfer gestochene Seekarten erinnerte. Zwischen den winzigen Klippen und Ziegeneilanden, die man Poljen nennt, tauchten Korčula und Lagosta wie gewölbte Schildkrötenrücken aus der Flut. Im äußersten Westen verschwammen die Umrisse von Lissa, das durch Tegethoff [sic] und seine Flotte einen größeren Namen erhalten hat.[7] Deutlicher lag im Süden das einsame, wilde Melada mit seinen Meeresgrotten, aus deren Abgründen das Getöse eines unterirdischen Donners ertönt.

In der Tiefe strebte jetzt der Mittagsdampfer der Insel Lesina zu; er schien kaum größer als das Boot, das den gefesselten Odysseus am Eiland der Sirenen vorübertrug. Das Wunderbare ruft in uns kein Erstaunen hervor, denn das Wunderbare ist uns am tiefsten vertraut. Das eigentliche Glück, das uns sein Anblick bietet, liegt darin, daß wir die Wirklichkeit unserer Träume bestätigt sehen. Wie hätte sonst Hölderlin,[8] fern von den Spielplätzen der Delphine, die unvergängliche Schönheit der Inselwelten im innersten Sinne erkannt?[9]

~

Am nächsten Mittag kamen die Kanaren in Sicht. Zuvor waren wir einem aus Afrika heimkehrenden Truppentransporter begegnet, der »Impero«. Vor genau dreißig Jahren fuhr ich zwischen Las Palmas und Teneriffa,[10] diesmal zwischen Teneriffa und Gran Canaria hindurch. An einigen Stellen nahm die stumpfe Farbe des Atlantik eine hellviolette Tönung an, die an die Ägäis erinnerte.

Der Pico de Teide[11] erschien zunächst asymmetrisch, dann aber, als der Nebenkrater durch die Silhouette verdeckt wurde, in reiner Kegelform. Auch diesmal wieder, wie 1936, teilte ihn ein Wolkenband. Obwohl wir uns schnell entfernten, hob er sich bis zum Einbruch der Nacht vom Himmel ab. Der Teide wirkt um so gewaltiger, als er sich unmittelbar aus dem Meer erhebt; sein Anblick muß auf die ersten Entdecker wie ein Traum gewirkt haben. Er zählt zu den Weltwundern, und wieder einmal bedauerte ich meine lückenhaften geographischen Kenntnisse. Ich weiß nicht einmal, ob man den Vulkan jemals tätig gesehen hat. Auf alle Fälle soll meine erste Lektüre nach der Rückkehr Humboldts[12] klassische Schilderung sein.[13]

~

Unser Geschäft bringt es mit sich, daß ich bei den Klippen oft auf den Grund hinabspähe. Dabei ist die Optik merkwürdig. Zunächst tastet der Blick völlig im Leeren, bis er plötzlich eine Einzelheit gleich dem Zipfel eines Gewandes ergreift. Im Augenblick, in dem es ihm diese scharf zu erfassen gelingt, schießt dann das Bild des ganzen Grundes daran an; es steht wie mit einem Zauberschlage da. Der Vorgang vereinfacht sich, wenn man einen hellen Gegenstand ins Wasser wirft und mit den Augen verfolgt. Die sizilischen Fischer verwenden dazu die *lanterna*, einen weißen Thunfischknochen, den sie an einem Faden in die Tiefe hinabsenken. Diese Art zu sehen ähnelt der geistigen Schau, sowohl was den jähen Niederschlag des Bildes in seinen feinsten Zügen als auch was die Mitwirkung eines fremden Körpers dabei betrifft. So gehört das zinnerne Gefäß des Jakob Böhme[14] hierher.[15]

Die Zistrosen waren schon fast verblüht. Trotzdem war der Duft der Macchia unvermindert; er entströmt auch weniger den Blüten als den grünen und holzigen Organen, ist eher streng als aromatisch, eher auf männliche als auf weibliche Art ansprechend. Ähnlich wie sich während eines Strandganges Salz auf den Lippen niederschlägt, so hier, wenn man einige Stunden durch die Macchia gefahren ist, ein feiner bitterer Belag. Solche Gerüche haften in der Erinnerung, vor allem wenn sie, wie für Napoleon, die Heimat zurückrufen.[16]

~

Bei Tagesanbruch erschien die Insel Fernando Noranha,[17] weithin angekündigt durch eine Felsnadel, die sich in ihrem mittleren Teil erhebt. Von Südwesten kommend, glitt das Schiff an ihrer Steilküste entlang, deren Klippen mit grellweißem Guano gekalkt waren. Seevögel umwölkten sie, vor allem Albatrosse mit sensenscharfen Flügeln und gekieltem Leib. Man sieht, daß der Sturm und die Woge diese Wesen geformt haben.

Die Insel senkte sich dann ein wenig, fast sattelförmig, und zeigte Kulturen, besonders von Zuckerrohr. Goldgelber Sandstrand, an den sich Palmgürtel schlossen, wurde von einer Siedlung unterbrochen, auf die ein Fort herabschaute. Fernando Noranha dient seit vielen Jahren der Deportation.[18] Das Klima ist warm, durch Winde gemildert; man bezeichnet es als gesund.

Wie immer, wenn ich Inseln aufsteigen und entschwinden sehe, fand ich mich einem starken Heimweh unterworfen – es ist mir stets, als hätte ich dort, wo die Klippen feierlich aus dem Meere ragen, vor altersferne Zeit gewohnt. Die Seele haftet an den von Wolken verhangenen Vorgebirgen, den Eingangstoren zu wunderbaren Tälern, mit feinen Fäden und fühlt sie reißen, wenn das Eiland im Dunst verschwimmt.

Im Bann des Meeres empfinden wir Verströmung, Auflösung unseres Wesens; es wird alles lebendig, was rhythmisch in uns ist, Anklänge, Takte, Melodien, der Urgesang des Lebens, der sich auf den Zeiten wiegt. Sein Zauber läßt uns nach Tagen, die wir am Strande säumten, ganz leer zurückkehren, doch glücklich wie nach durchtanzter Nacht.

Die Inseln dagegen verheißen das tiefere Glück der Ruhe, des Friedens in diesem von Grund auf bewegten stürmischen Element. So sind die Sterne Inseln im Licht- und Äthermeer.[19]

~

Während des Vormittags fuhren wir an der Küste von Formosa entlang. Die Portugiesen nannten diese Insel »Die Wunderschöne« und die Chinesen sie »Das Terrassengestade«: Taiwan. Da wir ihr zuweilen ganz nahe kamen, sah ich, daß ihr beide Namen zu Recht verliehen sind.[20]

~

Gegen acht Uhr schnitten wir die Nordspitze von Sumatra mit dem Wilhelmsturm; wir fahren seitdem an der Insel und ihren vorgelagerten Eilanden entlang. Bewaldete Berge, hin und wieder gerodete Flächen, eine Hütte, eine Rauchfahne. Das Meer zeigt eine neue Farbe, glänzt zwischen den Wellen schwarz und glatt wie Obsidian.[21]

Wir gleiten an der Küste von Sumatra entlang, an Inseln und Orten, die wie aus vorgelebten Zeiten in der Erinnerung anklingen. »Palembang« hieß eines der Jugendgedichte Friedrich Georgs.

Tropische Wälder; die moosigen Massen wirken solide, etwa wie grüne Kupferschlacke, an den Hängen leuchten die hellen Stämme heraus. Zuweilen graufädig der Rauch eines Feuers, leider auch schon Kahlschläge, doch viele Meilen einsamer Sandstrände.[22]

~

Mister Felix wies neben mir auf einen Ast, den er mit der Hand erreichen konnte, um, wie ich dachte, mir die Farne zu zeigen, die wie ein Bündel von Elchgeweih herabhingen. Nicht sie hatte er jedoch gemeint, sondern einen roten Fleck: den Kopf einer Echse, die dort ruhte oder auf Beute lauerte. Nun vermochte ich auch, den Leib des fast armlangen Tieres zu entziffern, der in einen fadendünnen Schwanz auslief. Er war grün wie die Farne, die ihn bargen, doch als ich mich näherte, begann er zu irisieren, als ob blaue und gelbe Wellen ihn überliefen und Funken sprühten, während der Rückenkamm sich wie ein Segel aufrichtete. Das Tier schien durchsichtig zu werden, fast immateriell. Ich hatte eines der Prunkstücke der Insel gesehen, ein bengalisches Wunder: Calotes,[23] die »Schönechse«.[24]

~

Ein reiner Sandstrand an den Küsten von Malakka und überhaupt im Zuge der alten »Straight Settlements«[25] ist selten; meist wechseln von Fluß- und Meeresarmen geäderte Mangrovensümpfe, in denen noch vor kurzem Seeräuber ihre Zuflucht fanden, und Steilufer miteinander ab. Der Lone Pine Beach von Penang zählt zu den Ausnahmen und wird daher auch von den Malaien, Europäern und Chinesen, die auf der Insel wohnen, als Badeplatz gerühmt. Sie fahren aus der Stadt oder von ihren Bungalows zu einem chinesischen Restaurant, das im Schatten der Kiefern liegt. Während des Frühstücks kann man das Spiel der grünen Agamen verfolgen, die an den Stämmen emporhuschen, oder die bunten Drosseln füttern, die zwischen den Tischen umherhüpfen. Die Kellner bringen grünen Tee und zur Erfrischung bald kalte, bald heiße Handtücher. Der Ort ist angenehm.

Noch dichter als die Kiefern säumen Kokospalmen das Ufer, auch rücken sie näher heran. Ich schwamm in dem hellgrünen Wasser, das selbst ein Neapolitaner als zu warm empfunden hätte, und sah zu den zarten Silhouetten empor, die fernhin den Sandstrand der tropischen Meere ankünden. Die eleganten Kronen waren dem Ufer zugeneigt. Wenn man einen Baum als pelagisch[26] bezeichnen darf, so diesen – er gleicht darin den seefahrenden Malaien, die bis in die pazifische Ferne hinein Küsten und Inseln besiedelten. Wie ihnen die leichten hölzernen Boote, so dient der Kokosfrucht ein aus Bast gewobener Mantel, der sie über Monate schwimmend erhält. Vielleicht erreicht unter Tausenden eine ein Atoll, das kaum die Seefahrer kennen, und schlägt dort Wurzel im Korallensand. Bald stößt der Keimling in Form eines Elefantenzahns hervor. Legionen von Nüssen treiben so in den warmen Meeren; man kann das auch daraus schließen, daß sie um Inseln, die sich neu aus dem Meer erheben, bald ihre Gürtel ziehen. So haben sie wenige Jahre nach der Katastrophe, die alles Leben vernichtete, den Krakatau[27] wieder begrünt. In solcher Erfahrung liegt etwas Tröstliches.[28]

~

Kurze Rast am Paß von Lassíthi,[29] den ein Gatter aus verfallenen Windmühlen krönt. Dort wurden Auf- und Abwind genutzt. Dann ausgedehntes Verweilen am kleinen Hügel des Klosters Panajía Kroustalánia an einem Wildbach, der zum Megálos Potamós strömt. Ein romantisch-heroischer Ort. Streifzüge im Wald und im Bachgrunde. Ahorne und Steineichen haben ihre

Wurzeln in den Fels getrieben, der mit dem Holz zu einer silbergrauen Masse verschmilzt. Zeit und zeitlose Stille vereinen sich hier, als ob Jahrhunderte des Wachstums durch einen Zauber gebannt wären.

Vögel flogen über die Fläche, Bachstelzen und Steinschmätzer, in scheckigem Wirbel der Wiedehopf. Eine Nachtigall schlug einige Takte in den Baumkronen. Noch blühten der Weißdorn, der Ahorn, die Asphodelen,[30] die Ferula[31] und in außerordentlicher Schönheit eine safrangelbe Lilie. Wein und Efeu rankten sich bis in die Baumkronen.

Solche Stunden auf den Inseln geben immer wieder ein unvergeßliches Geschenk, als träte man in ihre Schatzkammern ein.[32]

~

Am Isolotto del Genio.[33] Die Trichterlilien blühen im weißen Quarzsand, der von winzigen Schneckenhäusern gesprenkelt ist. Manche sind turm-, andere linsenförmig, alle dem Gesetz der Spirale gemäß. Am Himmel einzelne Wolken, die sich schnell auflösen. Eine ist wie die Sepia geformt, mit dem ovalen Mantel, von dem ein Einschnitt Kopf und Fangarme trennt. Sie ist auch blaugrau gebändert wie das Tier. Ein Kopffüßler.

Nun wird der Leib breiter und läuft in einen Schwanz aus – ein Rochen erscheint. Jetzt streckt er am Kopf zwei Hörner in die Horizontale, verwandelt sich in einen Hammerhai. Warum nur Meerestiere als Vision? Offenbar bin ich auf einen marinen Schlüssel gestimmt. Kein Wunder bei diesen Gängen und dieser Kost. Aber daß das Meer noch seine Früchte spendet, ist ein Wunder, an dem ich dankbar teilnehme.

Ich schwimme zum Isolotto und zurück. Das ist keine große Leistung, eher eine Probe für hohe Jahrgänge.[34]

~

Zwei Wochen auf der Insel, ohne einer Schlange begegnet zu sein. Das sind die leeren Fußstapfen, die der Fortschritt hinterläßt. Dazu eine Frage, anknüpfend an Betrachtungen in der »Zeitmauer«:[35] Wenn neue Titanen am Werk sind, woran ich nicht zweifle – wie erklärt sich die Verwüstung, die sie der Gäa zufügen?

Die Frage ist umzukehren: Was will die Gäa, indem sie diese Promethiden gebiert, und was ist deren Aufgabe? Das Problem stellt sich gerade inmitten einer vulkanischen Landschaft und beim Rückblick auf die ungeheuren Verwüstungen. Hierzu Cuviers Katastrophentheorie,[36] auch Hesiod und die »Edda«; die Erde begrünt sich wieder, nachdem Surtur[37] sie verbrannt hat, und bringt neue Geschöpfe hervor. Ohne den Menschen ist der Titanenkampf nicht zu wagen, weder am Olymp noch auf der Ebene Vigrid;[38] hier werden die Götter durch Herakles, dort durch die Einherier[39] unterstützt.

Das Titanenwerk mit seinen Gestängen geht durch Selbstvernichtung zugrund. Fortsetzung des »Zarathustra«: Auch der Übermensch ist etwas, das überwunden werden muß. »Überflügelt« wäre das bessere Wort.

Die Nattern verschwinden: Die Midgardschlange[40] häutet sich. Dann ist sie blind. Es gibt nicht nur den Stammbaum mit seinen Mutationen, sondern auch den Gestaltwechsel. »Wollte Odin seine Gestalt wechseln, dann lag sein Körper wie schlafend oder tot; er selbst aber war ein Vogel oder ein wildes Tier, ein Fisch oder eine Schlange. Er konnte in einem Augenblick in fremde Länder fahren in seinen oder anderer Angelegenheiten.« [41]

Die Astrologen kennen keine Entwicklung, sondern durch Dämmerungen getrennte Weltalter. Was sie als den »Wassermann« bezeichnen, die Heraufkunft hoher Vergeistigungen, muß sich zunächst als Zerstörung darstellen, vom Göttersturz bis in die alltägliche Niederung.[42]

~

Wir fuhren zu einer der Inseln der Lagune: Masatin. Das flache Eiland mit seinem Mangrovengürtel hatte ich bereits im November 1976 besucht, und nichts fand ich verändert dort. Sogar der große irisierende Tenebrionide[43] stellte sich wieder ein; ihn stört keine Trockenheit.

Ich streifte durch das Gebüsch und seine heißen Pfade: es gab Überraschungen. So den Einbaum am Ufer, der frisch aus einem Stamm gehauen war. Noch lagen die Späne in ihm. Sodann die Kobra. Ich sah sie in einiger Entfernung auf einem Sonnenfleck vor einem Erdloch, zu einer dunklen Masse zusammengerollt. Es wunderte mich, daß sie nicht verschwand. Dann sah ich gelbe Ameisen über sie hinweghuschen. Sie war tot; ich durfte mich mit Respekt nähern. Das Tier konnte nicht lange in der Hitze gelegen haben, denn die antimonschwarzen Schuppen glänzten wie nach dem Morgenbad. Es war die schwarzweiße Naja, ein nächtliches Wesen, dessen Länge an drei Meter heranreichen soll. Das schien mir glaubwürdig. Ich suchte es mit dem Stock zu entwirren, um es zu messen und den Kopf zu sehen.

Warum wurde mir unheimlich? Es war nicht gefährlich und auch nicht widrig – es war die Schwere, die mich erschreckte, das unbezwingliche Gewicht. Das ging in die Tiefe; es war eine Begegnung, die man verdrängt.[44]

~

Ich schritt durch ein steiniges Tal, in dem die Hitze ätherische und harzige Düfte kochte; die Blüten schwankten leise im afrikanischen Wind, der über die See her kam. Es war einsam, nur der Wiedehopf rief in der Ferne, und einmal ritt ein Hirt vorüber, der ein Gewehr auf der Schulter trug. Sardische Erde, rot, bitter, männlich, mit einem vielsternigen Teppich überwoben, seit fernsten Zeiten in jedem Frühling unvermindert blühend, uralte Wiege – ich fühlte, wie sie sanft im Meere schaukelte. Inseln sind Heimat im tieferen Sinne, letzte irdische Sitze, bevor der kosmische Ausflug beginnt. Die Sprache wird ihnen nicht gerecht, eher ein Schicksalslied, das auf die See hinüberklingt. Dann läßt man die Hand am Steuer sinken; man scheitert gerne an diesem Strand. Was sind Gedanken vor solchen Lotosblumen im blauen Meer?[45]

~

In meiner Erinnerung runden sich die Landschaftsbilder gerade um Augenblicke, während deren ich einen ihrer winzigen Punkte gespannt betrachtete. Da wurde ein Kontakt geschlossen, der ein besonderes Licht erzeugt. So war es mit der Saphyrina, die unerreichbar blieb. Wie oft ich auch den Grünen Jäger beschlich, er behielt sein gewöhnliches Kleid. Doch ich sah auch den Pfad, auf dem er jagte, und zu beiden Seiten die Zistrosensträucher, die ihn wie Waldränder einfaßten. Die dunkelgrünen, harzigen Blätter, die Polster von weißen Blüten, zwischen denen die behaarten Kapseln schon Samen ausstreuten. Am Grunde hin und wieder die rote Schuppenwurz oder eine stengellose Distel, als hätte sich dort der Sand kristallisiert. Gegen La Punta die dürren Aloeschäfte, nach der maurischen Warte hin ansteigend die Frucht- und Weingärten, zur Rechten das Meer mit den Klippen und Inseln bis zur ehernen Felsküste Sardiniens. Das tritt so klar hervor, als ob es in einer gläsernen Kugel verwahrt würde, und dazu, was an Duft und Klängen sich einprägte.

Das eben verbirgt sich hinter einer dem Anschein nach abstrusen Tätigkeit. Das Geheimnis liegt in einer besonderen Optik, nicht in den Objekten, die vielmehr den Vorwand für eine uralte Lebensform bilden: die des Wildbeuters. Da findet sich für Augenblicke die alte Gleichung des Bewußtseins mit der Welt. Sie ist unkopernikanisch; die Welt ist Kugel, das Auge Mittelpunkt.[46]

~

Einmal war ich auch bei Mondschein draußen, um das Areal nach einem nächtlichen Scarabäen zu sondieren, der nur auf

Korsika und auf Sardinien gefunden wird. Ich war nicht aufs Geratewohl gegangen, denn ich hatte am Mittag nach dem Bade eins der Tiere als Mumie im Sand entdeckt.

Die Stunde war gut getroffen, ich kam zur Hochzeitsnacht. Nahe dem Eingang stand Jalapa, die Wunderblume, in vollem Flor. Sie machte ihrem Namen Ehre: Bella di notte nannte sie Oreste[47], im Gegensatz zur Bella del giorno, worunter er die blaue Kaiserwinde verstand. Die bunten Farben der Blüten waren nur zu ahnen, und ebenso der summende Schwarm der Trabanten, der die Krone umkreiste wie ein dunkles Muttergestirn. Die sichtbaren Dinge hatten Struktur und Farbe abgegeben; dafür zeugten Duft und Klänge für sie heimlicher und doch eindringlicher als am lichten Tag. Dazu die hellen Wege und die weißen Mauern der Grabmäler.[48]

~

Dann die Langusten; ihretwegen ist San Pietro nicht minder als Helgoland wegen seiner Hummer berühmt. Beide Inseln haben dieselben roten Klippen – allerdings sind die Helgoländer aus Sandstein und die des südlichen Eilandes aus Trachyt. Die Formation setzt sich unter dem Meeresspiegel fort; sie ist reich an Rissen und Spalten und damit an Schlupfwinkeln für die großen Krebse und ihre Brut. Überall vor den Häusern sieht man die Fangreusen aufgehängt, und im Hafen schwimmen durchlochte Käfige, in denen man die *aragoste* zu Tausenden für den Versand nach den Gaststätten der Riviera munter erhält. Dort erst sollen sie sich in die »Kardinäle des Meeres« verwandeln, wie sie ein Autor[49] nannte, der ihnen offenbar nur nach ihrer Auferstehung aus dem Kochtopf begegnet war.[50]

~

Zudem bin ich der Meinung, daß Geschichte und Vorgeschichte einer solchen Insel noch auf andere Weise erfaßbar sind als durch Studien. Auf ihren Bergen, an ihren Riffen und im besonnten, eidechsenhaften Frieden ihrer Täler muß noch in den Atomen, im Zeitlosen schlummern, was in der Folge der Zeiten sich zu Mustern gewoben hat. Es muß an Wind und Woge, aus den Gesichtern der Menschen, aus ihrer Sprache und ihren Melodien, aus der Art, in der sich der Rauch der Herdfeuer am Abend über ihrer Heimstatt kräuselt, ablesbar sein.

Daß die vergangenen Zeiten ganz nah sind und immer näher kommen – das ist eines der unerwarteten Geschenke, eine der beruhigenden Wahrnehmungen unserer Gegenwart. Alt und Neu sind zwei Qualitäten, zwei Perspektiven des Menschen; das Alte ist stets gegenwärtig, und das Neue war immer da. Auch in Babylon gab es schon Neustädte. Stets wiederholen sich die Zeichen und setzen die großen Texte fort.

Die scharfsinnige und wunderbare Art, in der wir heute die älteste Vergangenheit aufschließen, ist eine Folge der Verwandlung unseres Zeitgefühls. Damit gewinnt der historische Blick an verdichtender, beschwörender Kraft, schmilzt in die Dichtung ein. Dieses Heraufbeschwören der ältesten Menschheit aus ihren Schatten ist eines unserer großartigen Schauspiele. Was sind dabei die Funde und Urkunden? Warum beginnen sie heute zu sprechen, wo sie schon immer da waren? Sie spielen für den Geist die Rolle von Talismanen, und erschütternd ist, zu sehen, wenn sie berührt werden wie Aladins Lampe, was da heraufsteigt aus den Gewölben der Jahrtausende.[51]

~

Über Inseln läßt sich viel erzählen, und man findet leichter den Anfang als das Ende dabei. Ich entsinne mich der Unterhaltung mit einem jungen Freunde, der eine Monographie »Die Insel« zu schreiben beabsichtigte. Ich mußte ihm abraten, denn der Stoff ist so gewaltig, daß er gelehrte Gesellschaften in Atem halten kann. Inseln gibt es nicht nur wie Sand am Meere, sondern alles ist Insel, auch die Kontinente, und selbst die Erde ist ein Inselchen im Äthermeer.

Daher kommt es wohl, daß die Insel uns nicht nur extensiv, sondern auch intensiv beschäftigt; sie gehört zu den großen Traumbildern. Der Wunsch Sancho Pansas nach der Statthalterschaft über eine Insel[52] ist ein allgemein menschlicher Wunsch; jeder hat ihn empfunden, seitdem er mit Robinson Bekanntschaft schloß. »Man müßte sich auf eine Insel zurückziehen.« Insel, insula, isola, Eiland – das sind Worte für ein Geheimes und Abgeschlossenes. Sie rufen die Idee des Eigenen und des Eigentums hervor.

Wenn wir vom Schiff aus eine Insel am Horizont aufsteigen sehen – erst hielten wir sie für eine Wolkenbildung, dann traten langsam Gipfel, Klippen und Brandungsring hervor – so ergreift Hoffnung unser Herz. Wenn wir sie wieder entschwinden und sich in Dunst verwandeln sehen, erfaßt uns Trauer und ein Heimweh von unbestimmter Art.

Man sagt, daß in Napoleons Leben die Insel eine besondere Rolle spielte, weil er, auf einer Insel geboren, von einer Insel besiegt wurde und auf einer Insel starb. Aber vielleicht wird auch hier nur das Schicksal ein wenig deutlicher. Läßt sich doch kaum bestimmen, was als Insel zu gelten hat. So haben die Geographen lange gestritten, ob Australien eine Insel sei oder ein Kontinent. Zu der Bestimmung muß ein Beschluß, eine geistige Abrundung hinzutreten, wie Robinson sie vollzog, als er den höchsten Gipfel seiner Einsamkeit erstiegen hatte und sich rundum vom Meer umgeben sah. Diese geistige Abrundung wird um so schwieriger, je mehr an Fläche von ihr einbezogen, umfriedet wird. So liegt die Stärke des Engländers weniger darin, daß er auf einer Insel wohnt, als darin, daß er diese Tatsache auch im Bewußtsein vollzogen hat. Nur das hat den Kanal unüberschreitbar gemacht. Wenn wir die Erde eines Tages in diesem Sinn erfaßten, würde sich auch die Menschheit in einer neuen Qualität abrunden.[53]

~

Warum mag der Anblick von Inseln, selbst innerhalb eines Stromsystems, so starke Anziehung ausüben? Es gibt unter vielen Erklärungen auch jene, daß die Insel als in sich abgeschlossenes Ganzes den Kosmos repräsentiert. Sie wirkt als plastisches Modell des Raumes im bewegten Strom der Zeit. So liegt die Ahnung nahe, daß sich dort auch das Sein in größerer Dichte erhalten hat. Da winkt die Entdeckung und hinter ihr das Glück.[54]

STILLLEBEN

Jünger war ein großer Bewunderer der Alten Meister der abendländischen Malerei. In München besuchte er regelmäßig die Alte Pinakothek, um Gemälde des Mittelalters, der Renaissance und des Barock zu betrachten. Daher ist es auch kein Wunder, dass sich in den naturbeschreibenden Passagen seines Werks viele stilllebenartige Vignetten finden. Sie sind Anschauung in Reinform. Der natürliche Gegenstand wird hier aus der Zeit gerückt. Es entsteht eine traumhafte Atmosphäre – oder das Gegenteil: eine scharf umrissene Studie. Die betrachtete Natur kann aus der Zeit führen, allerdings nur, wenn sie, wie Jünger schreibt, *con amore* betrachtet wird. Das Geheimnis hinter den Dingen enthüllt sich – hier folgt Jünger Lyrikern wie Conrad Ferdinand Meyer, Eduard Mörike und Rainer Maria Rilke – nur dem Blick des Liebenden.

Die schönen Bilder, die im Dämmern vor den geschlossenen Augen auftauchen. So heute ein honiggelber Achat, von sepiabraunen Moosen durchsprengt. Er zog langsam vorüber wie eine Blüte, die in den Abgrund fällt.[1]

~

Jede Blume, selbst der Grashalm, *con amore* betrachtet, ist ein Himmelsschlüssel – Motiv für Gleichnisse.[2]

~

Ich betrachte eine Blume, als ob ein Künstler sie gemalt hätte. Ihn bewegte, wie auch mich bei der Betrachtung, kein Woher und Wozu. Hier wie dort wirkt die reine Freude und der Genuß an der Mitteilung. Das Höchste, was ein Kunstwerk gewähren kann, ist Teilnahme an der Schöpfung – und damit Entrückung aus der Zeit.[3]

~

Wenn wir Blumen im Traum sehen oder uns wachend in sie vertiefen, scheint entweder ein feineres Licht sie zu durchfluten oder ein stärkeres auf sie ausgegossen – sie sind durchleuchtet oder laviert.

Beides kündet eine Annäherung an. Es gibt auch eine Verbindung beider Effekte wie in den sowohl gefüllten wie transparenten Gläsern von Braque. Wird nun die Substanz lichter oder das Licht substantieller? – die Frage ist nicht zu beantworten. Das Schwanken in unserem gebrechlichen Boote genügt.[4]

~

Vor mir auf meinem Tische fünf Gladiolen in einer Vase – drei weiße, eine hell- und eine lachsrote. Die Gladiolen neigen zu Farben, die destillierten Charakter tragen; hinter der Leuchtkraft ihrer rein ausgezogenen Tuschen tritt der Lebensstoff der Blüte fast zurück. Daher denn auch, wie gegenüber jeder reinen und allzureinen Prägung, ein Gefühl der Leere und Langeweile, das sich beim Anblick dieser Blumen schwer vermeiden läßt. Doch regen insbesondere ihre weißen Arten auch theologische Fragen an.[5]

~

Die Tigerlilie[6] vor mir auf dem Tisch. Indem ich sie betrachte, fallen mit einem Male die sechs Blütenblätter und die sechs

Staubgefäße gleich einem unbarmherzig abgetrennten Prachtgewande von ihr, und nur der ausgedörrte Stempel mit den Fruchtansätzen bleibt zurück. Im Augenblick wird mir die Macht ganz deutlich, die so die Blüte bricht. O sammelt Frucht an, denn so schneiden die Parzen zu.[7]

~

Die ersten Kirschen erschienen auf dem Tisch. Ihre für unseren Landstrich ungewöhnlich frühe Reife erklärt sich daraus, daß sie auf dem letzten grünen Zweig eines abgestorbenen Baumes trieben: Sprößlinge der Décadence.[8]

~

Ein Vergißmeinnicht-Strauß, der zu verblassen begann, indem er sich in das Köpfchen meiner Siamkatze verwandelte. Nur zwei der Blütensterne blieben als Punkte, um die sich die Verwandlung kristallisierte; sie wurden die Augen jetzt.

Gedanke: das waren die Gleichheitspunkte; sie sind im Blick zu behalten, wenn es über die Brücke geht. Die Identität von Auge und Sonne wird dann erkannt.[9]

~

Detail. Oben in einer Distelblüte ruht eine Phytoecia.[10] Phytón ist die Pflanze, oiká die Wohnung – also ein Blumengast. Die Gattung ist weit verbreitet; diese Art – sie heißt »humeralis« – ruft, während ich sie betrachte, besondere Erinnerungen wach. Sie ist mir bislang nur ein Mal begegnet, und zwar vor nunmehr fast fünfzig Jahren auf Rhodos am Monte San Stefano. Friedrich Georg stand neben mir; er hatte sie von einer Distel gepflückt. Sie sonnte sich dort auf jeder Blüte; die bunte Gesellschaft mußte wie ein Schwarm von Stieglitzen eingeflogen sein. Ich sagte: »Es ist eine der Arten mit rotem Spiegel auf dem Halsschild«, und darauf der Bruder: »Mit roten Schultern dazu.« Es war also »etwas Neues« – eben die *humeralis* der östlichen Mittelmeerküsten, wie sich in Überlingen nach näherem Studium erwies.

Alles war wieder ganz nahe, als ob inzwischen nicht ein halbes Jahrhundert, sondern nur eine Nacht vergangen wäre: die Fahrt mit dem Bruder kurz vor dem Kriege, der die Welt verändern sollte, die Sonne von Rhodos, der Duft der Macchia, das Meer. Und das mit dem Blick auf ein winziges Wesen, ein Juwel der Schöpfung, einen Stein der Weisen in Miniatur.[11]

~

Die Sonnenblumen, schwarz- und goldene Gefäße, aus denen der reine Nektar tropft. Ein Flammenkranz umwogt die dunkle Scheibe, auf der die Bienen trunken einherirren, während Goldstaub herabrieselt. Ihr warmer, königlicher Duft verwirrt die Sinne, als ob sie in den Elementen sich auflösten. Als dritte Farbe, als Mantel, gehört das lichte Blau des herbstlichen Zenits dazu.[12]

~

Auf dem Rückweg in der Gärtnerei. Das Brennende Herz, eine meiner Lieblingsblumen, hatte bereits den garen Boden der Rabatten durchbrochen, in Zacken von zartestem Jade, an denen rötliche Jaspisspitzen leuchteten. Die Kraft, der Erdgeist solcher Gebilde ist bezaubernd, ist außerordentlich. Sie sind Organe am Schoße unseres guten Mütterchens, der alten Erde, die immer noch das jüngste unter den rotröckigen Weibchen ist – wohl wert, daß unser ganzer Körper am Schluß des großen Schauspiels sich mit ihr vermählt.[13]

~

Zum Hibiskus: Ich sah ihn in Bahia dunkel, hellrot und in hell-dunkelroter Flammung – die letzte Spielart zugleich mit Blüten, die wie mit der Schere zackig ausgeschnitten sind. Daneben gefüllte, doch gefielen diese mir weniger, da sie auf Kosten des zierlichen Stempels und der Staubgefäße entwickelt sind. Am schönsten wirkt die einfach brennend-rote, großblütige Form.[14]

~

Erste Schneeglöckchen. Die Blüten sind geöffnet; sie müssen also im Schnee, der schnell geschmolzen ist, schon voll entwickelt gewesen sein.

Dieses Wirken unter und über den Decken ist beruhigend: das Keimen unter dem gefrorenen Boden und die Sonne, die über den Wolken scheint.[15]

~

Nachmittags im Garten, immer noch beim Umstechen, grub ich eine Alraunwurzel aus. Sie war von schlanker, gedrehter Taille und hermaphroditischem Geschlecht, ein Weibchen, das gleichzeitig Männchen war. Ähnlich ist bei den Blumen der Stempel gebildet, den man auch eher für ein männliches Organ halten möchte als für ein weibliches. Ich betrachtete sie lange wie ein Vexierbild, an dem bald diese, bald jene Eigenschaft ins Auge springt.[16]

~

Capriccio tenebroso. Bild eines toten Eichelhähers mit rosiggrauem Brustflaum und den schwarz, weiß und blau gemusterten Schwungfedern. Er liegt, schon halb versunken, auf lockerer Erde, unter der ein Schwarm von Totengräbern wühlt. Sein Körper verschwindet in Stößen, in Spasmen im dunklen Grund. Bald ist nur die lichtblaue Spitze eines Flügels noch sichtbar, die ein Gelege von gelben Eierchen bedeckt. Auch sie verschwindet, während bereits die Maden aus den Eiern kriechen und an ihr herabfließen.[17]

~

Über die Säume. Gedanke während des Morgenganges durch den Garten beim Anblick der Erdbeerblätter, die der Tau beschlug. Er heftet sich an ihre Ränder in Perlensäumen, die im Sonnenglanz köstlicher strahlen als Kleinodien. So muß man sich die Ordnung der Welt vorstellen, nur ist das Blatt dort unsichtbar. Wir sehen nur das Gewand.

Auch die Kristalle sind Säume um einen unsichtbaren Kern. Die Harmonien und Maße, die uns daran entzücken, sind Übersetzungen in das Sichtbare.

Ernstel gewidmet; es ist sein Todestag. Er würde heute zwanzig Jahre alt.

Ich sehe beim Überlesen, daß ich mich verschrieb. Aber der Todestag mag auch Geburtstag sein. Dann sollten wir die Zeichen ändern: das Kreuz am Anfang, der Stern am Schluß.[18]

~

Nach regnerischen Tagen (gut für die Auspflanzungen) sonniger Vormittag. Der Mohn steht vor der Blüte in jadegrünen Gruppen, plastisch und fragil. Ein Motiv für Kändler[19] oder chinesische Meister; schon der Anblick berauscht. Bald werden die Knospen platzen und die gefiederte Blüte entfalten; ein Fortschritt der décadence. Der Opiumtraum rekapituliert die Stilfolge.

Im Juni: Linnés Erdbeerkur.[20] Überhaupt die Nahrung in dieser Zeit: grüne Erbsen, Beeren in vielen Sorten; der Nachtisch wird in den Garten verlegt und peripatetisch[21] genossen.[22]

~

Neue Genüsse, die ich hier kennenlernte: Der Anblick der Pfirsichblüte, in der sich ein wunderbares Erwachen aus dem Winterschlaf vollzieht – so wie ein Schmetterling, der aus der dunklen Puppe kriecht, die Flügel reckt. Der dürre Boden der Felder und die grauen Mauern der Häuser werden durch diesen neuen Glanz erhöht; ein leichter, farbiger Schleier erheitert sie. Dabei ist diese rosa Blüte sparsamer als die weiße, und doch insofern viel mehr Blüte, als sie am kahlen Ast ausschlägt. Daher ist auch der Eindruck auf das Gemüt bedeutender. Der zarte Vorhang, mit dem das Jahr sein Zauberspiel beginnt.[23]

~

Für einen Augenblick stand, wie der Drache am Faden, ein gelber Falter über dem Blumenrohr. Gedanke: Wenn ich jetzt blitz-

te, würde mich das Lichtbild an den Augenblick erinnern; wenn ich die Lider schließe, nehme ich seinen Inhalt auf.[24]

~

Das Eis wurde in halbierten Kokosnüssen serviert, in deren Schale sich die Milch gerade zu einem zarten Schleier kondensiert hatte. Stets von neuem erstaunt mich, wenn ich sie so im Querschnitt sehe, der sinnreiche Bau dieser Frucht. Die steinharte Schale mit den starken Verschlüssen scheint auf lange Dauer berechnet, auch für Seefahrten; das feste Fruchtfleisch ist der Proviant, die mächtige Faserhülle dient als Schwimmgürtel. So ist sie geschaffen für die Überquerung weiter Meeresflächen, für die Besiedlung von Archipelen und einsamen Atollen oder auch Vulkanen, die im Pazifik auftauchen.[25]

~

Ich sah eine große Eiche wie einen Weihnachtsbaum mit übermannslangen Schwertfischen behängt. Die Farbe der Tiere, die sich an seidenen Angelschnüren drehten, kräuselte sich vom tiefen Silberblau perlmuttrig in alle Töne des Regenbogens ein. Ich sah das Spielzeug, an dem Neptun, Diana und Helios zusammenwirkten, aus einiger Entfernung und hörte es zugleich mit Spieluhrklang.[26]

Daneben eine ungeheure Platane; die mächtigen Stämme, die ich bislang auf Inseln und an Küsten des östlichen Mittelmeers bewundert habe, reichten an diesen nicht heran. Waren jene Elefanten, so war dieser ein Mammut oder ein Saurier. Eine riesige Holzmasse wuchtete sich aus dem Gestein und verzweigte sich in Einzelstämme, von denen jeder für sich schon Staunen erregt hätte. Georgios machte uns auf eine Verwachsung aufmerksam, auf eine Bifurkation, und rühmte die Kreuzform – das zeugte für seinen mythisierenden Blick.[27]

~

Ein Tauber steht vor einer Spieluhr; er betrachtet die metallene Walze. Sie erfreut ihn wie eine Stickerei oder wie eine Schrift, die in ein Rollsiegel gestochen ist. Sie ist sichtbar, doch nicht lesbar für ihn.

Nun beginnt die Walze sich zu drehen und wiederholt im Wechsel das Punktogramm. Was würde es dem Tauben frommen, wenn er wüßte, daß jedem Punkte eine Note entspricht? Er erblickte vom Kunstwerk nur einen Ausschnitt: kaum mehr als die Mechanik der Umdrehung, die schon genügte, ihn zu entzücken; er entbehrte nicht ihr Lied. Aber er könnte es mit den Fingerspitzen abtasten. So legte Helen Keller[28] die Hand auf den Mund der Lehrerin. Das Mädchen war nicht nur taubstumm; es war auch blind.

Das sind Kryptogramme; auch die Pracht einer Muschel aus der lichtlosen Tiefsee ist nicht für unsere Augen erdacht. Sie dürfen teilnehmen.[29]

~

Muscheln und Schnecken prunken mit Farben in einer Tiefe, zu der kein Lichtstrahl dringt. Ist also ihre Schönheit umsonst? Müßige Frage im Hinblick auf eine verborgene Harmonie, die sich selbst genügt und genießt.[30]

~

Im Grau ist immer Bewegung – nicht strahlend wie in den aktiven Farben, sondern mehr oder minder verborgener Natur: ein leichtes Schwanken, als ob ein Gleichgewicht gestört und wiedergesucht würde. Das Licht hat sich zur Ruhe gelegt. Aber es kann erwachen, kann sich gürten und seinen Mantel anlegen. Bald schmilzt sein inneres Feuer im Regenbogen, bald glüht und splittert es im Opal.

Dazu Perle und Perlmutt, auch das Spektrum, in dem ein farbloser Öltropfen sich auf einer Pfütze differenziert.[31]

~

In dieser Stellung hätte sich ein Geologe wohlgefühlt. Die Annäherungsgräben schlossen der Reihe nach sechs Schichten auf, vom Korallenkalk bis zum »Mergel von Gravelotte«,[32] in den der Kampfgraben eingebettet war. Der gelbbraune Fels wimmelte von Versteinerungen, vor allem von einem flachen, semmelförmigen Seeigel, dessen Rand zu Tausenden die Grabenwände durchbrach. Jedesmal, wenn ich den Abschnitt durchschritt, kam ich mit Taschen voll Muscheln, Seeigeln und Ammonshörnern in den Unterstand zurück.[33]

~

Die Unterseite vieler am Boden lebender Tiere, wie der Plattfische, der Turbellarien[34] und der Schlangen, ist ungefärbt – die Natur ist eine sparsame Malerin.[35]

~

Der Seeigel ist fünf-, die Lilie sechsstrahlig. Hier leuchtet etwas, das vor ihnen war und nach ihnen sein wird, in das Leben hinein.[36]

~

Ein Wunder ist auch die Herzmuschel selbst. Sie taucht schon in den ältesten Schichten der belebten Erde auf, und heute noch sind alle Meere von ihr besiedelt, alle Küsten mit ihren Schalen bestreut. Ein großer Wurf wird ohne Unterlaß und ohne Grenzen wiederholt, und wir erraten die Absicht nicht. Ein Schöpfungszeichen wird nicht müde, uns durch stete Wiederholung zu erinnern, indem es sich an unsere Sinne und unser Sinnen wendet, wie oft wir es auch achtlos in den Staub treten.

Was überrascht, bestürzt denn an dieser Herzmuschelform, an dieser Bildung, die jeder kennt? Zunächst schon, daß so ein Kunstwerk von einem formlosen Leib geschaffen werden kann und doch nur ein Totes ist, das er als seine Hülle, zu seinem Schutze ausscheidet. Ein wenig Schleim, ein wenig Gallert prägt solche Münzen aus. Wir müssen sie in Zahlung nehmen als Anweisung auf Schatz- und Prägekammern, die unseren Augen verschlossen sind.

Sodann ist zu bewundern das auskristallisierte, das Maß an mathematischem Bewußtsein, das sich hier offenbart. Ein unsichtbarer Taktstock wird erhoben, und ein Fingerhut voll

Kalksteinmolekülen ordnet sich zu Motiven, denen die Woge das Muster gibt. Man sieht die Welle strahlig niederstürzen, sieht ihre Rundungen und Kämme, die Rippen und Riffelungen, die sie im Sande hinterläßt.

Die Gestalt scheint einfach, als ob ein Kind sie erdacht hätte. Doch wird kein Rechenmeister jemals ihre Formel austüfteln. Sein Geist wird auf die Meditation verwiesen: köstliche Asymmetrien heben ihn über die Angeln von Maß und Zahl hinaus. Er sieht sich dem Unberechenbaren gegenüber, dem Hauch von Liebeszauber unserer Erde und ihrem frühen Glanze, von Aphrodites Schimmer, der aus der Rundung bricht.

Es gibt Völker, die Muscheln als Geld haben. Im Grunde ist eine solche Herzmuschelschale ganz unschätzbar: sie könnte zum Eintritt in höhere Welten, in Sonnen berechtigen. Der Wandersmann von unserer Erde weist sie als seine Pilgermuschel, als Hieroglyphe vor. Der Wächter am Flammentore sieht, zu welch erhabener Bildung der Staub auf diesem Sterne fähig war. Es leuchtet Unsterbliches an ihm. Er gibt sein Zeichen: die Muschel verwandelt sich in Glut, in Licht, in reine Strahlung; das Tor springt auf.[37]

~

Am Fischmarkt. Hier fiel mir die Triglie[38] auf, die sich silberglänzend mit roten Flecken und Bändern präsentiert. Seitlich trägt sie einen gelben Längsstreifen; die kobaltblauen Augen umschließt ein leuchtend blutroter Rand.[39]

~

Dann kam ein Boot vorüber, in dem ein halbnackter Fischer bäuchlings den Grund mit einer Art von Sehrohr musterte. Er manövrierte, indem er mit gekrümmtem Fuße das Ruder in langsamen Flossenschlägen spielen ließ. Als er mich sah, erhob er sich und bot mir mit beiden Händen eine prächtige Aurata[40] zum Kaufe an. Der Körper dieses königlichen Fisches glänzte in der Abendsonne wie ein Barren von reinem Golde, aus dessen Schmelz tief veilchenblaue Punkte leuchteten. Die Flossen spreizten sich zuckend, und wie purpurnes Meermoos oder roter Sammet schienen unter den goldenen Deckeln, die sich rhythmisch hoben, die blutfrischen Kiemen hervor.[41]

~

Ein Tintenfisch – etwa Calmar, Octopus, Argo, Nautilus – ist ein so seltsames Wesen, daß es jeder Vorstellung widerspricht. Das heißt, ich muß es gesehen, beobachtet, studiert haben, bevor mir auch nur eine Idee seiner Möglichkeit einfallen kann. Würde mir die Aufgabe gestellt, es zu erfinden, so müßte ich nach tausend Jahren müßigen Kopfzerbrechens meine Ohnmacht eingestehen.

Anders dagegen, wenn mir die Aufgabe gestellt würde, mich in einen Tintenfisch zu verwandeln – natürlich nur in Gedanken oder traumhaft – dazu genügt ein Augenblick. Ich würde wie ein Octopus acht oder wie ein Calmar zehn Arme ausstrecken, nicht von den Schultern, sondern vom Kopf.

Das Gedankenspiel beruht auf dem Unterschied von Schöpfung und Schaffen – dieser genügt ein »es werde«, jenes erfordert Arbeit, die letzthin unvollkommen bleibt.[42]

~

Der Smatorsk[43] ist ein stattlicher Fisch, unten weiß mit grünlichen Silbertönen, mit seegrünem Rücken, an den Seiten schön goldockerbraun gefleckt. Die Sprenkel neigen wie die Edelkoralle zur Verzweigung und Verästelung; besonders leuchtet ihre Farbe auf den Kiemenplatten, die, gleich dem Deckel einer kostbaren Dose, auf altgoldenem Grunde winzig schwarz gemustert sind. Auch schimmern oft noch Teile der Flossen, als wäre ein Pinsel mit Goldstaub daran ausgewischt.[44]

~

Nun strandete in der Ecke ein großer Thun. Er zeigte Flanken und Bauch aus reinstem Silber, von dem große dunkle und kleine schwefelgelbe Flossen abstachen. Der Rücken trug die

Farbe der Meereswogen; ich sah, daß sein Email bereits von Schrammen durchzogen war. Der Fisch gehört unverkennbar zur Gattung der Makrelen, wie man sie etwa als Angelmakrele auf Helgoland zum Frühstück ißt. Nur wirkt er etwas voller, wie aufgeblasen, und als Makrele vom Gewichte eines Ochsen, der keine Knochen mit zum Metzger bringt. Er lag ganz reglos, nur zwei Schlitze, die an der Kehle im V zuliefen, hoben und senkten sich. Bei jeder Hebung leuchteten die Kiemen als ein Gewebe blutschwerer Spitzen auf. Das Maul stand offen; die Zunge, fleckig grau, rosa gerandet, lag unter einem Gaumen, der wellig geriffelt war. Das kobaltblaue Auge blickte starr. Ein Jagdherr der großen Tiefen war hier ins Garn gegangen und den Insulten des Pöbels ausgesetzt. Schon blich der Schimmer seiner Rüstung im nie geschauten Licht.[45]

~

Dicht neben jener Galerie, an die letzte ihrer Nischen sich anschließend, lag ein etwas verwildertes, aber vielleicht gerade deshalb um so anziehenderes Naturalienkabinett, vom Geruch

alkoholischer Präparate, kampferiger Pulver und glasbrauner Mumiensubstanz dicht und streng imprägniert. Dort, unter den Scheiben der Vitrinen, vor denen nur selten ein halb pflichteifriger, halb gelangweilter Besucher stand, hatte sich ein seltsames Gewirr angehäuft: Prachtstücke von Muscheln, noch aus einer Zeit, in der die Leidenschaft für diesen bunten Auswurf der Tiefe mit der für seltene Tulpen wetteifern konnte, Glasschalen über mit Kolibris besteckten Zweigen, nikotingelbe Schädel, die lange Reißzähne bleckten, Gestein, lederne Häute, gesprenkelte Felle, Donnerkeile aus bernsteinrotem und flaschengrünem Feuerstein, ausgeblasene, narbig gemusterte Straußeneier, Schlangen, in lange Standröhren voll Spiritus gerollt, der ihre Schuppen entfärbt und ihre Augen mit einem weißen Fell überzogen hatte. In unzähligen flachen, mit grünem Glanzpapier bezogenen Pappkästchen, die dicht aneinander standen, lehnten Kärtchen, mit blaßbrauner, durch die Zeit ausgezogener Tusche sorgfältig bemalt, etwa »Schwertigel, Molukken, 1856« oder nur der lakonische Steckbrief der binären Nomenklatur, mit ihrem von griechischen Einschlüssen gesprenkelten Latein, durch die Anfangsbuchstaben des ersten Autors mit dem nie fehlenden Stempel versehen.[46]

~

Osteologie. Die Knochen, die man bemoost im Inneren der Wälder und an den Rändern der Schuttplätze erblickt: Stirnbeine, Kiefer, Wirbel, Schulterblätter – sie üben eine geheimnisvolle Berührung, einen Zauber aus. Einmal beruht das darauf, daß sie Todessymbole sind. Dann aber wohnt ihnen auch ein konstruktives Schema inne, das Gedanken an eine Werkstatt weckt, als ob man unvermutet vor prometheische Modelle träte, vor die geheime Werkbank demiurgischer Intelligenz.

Zuweilen ergreift mich eine Regung wie vor einem Trugbild, vor einer Arbeit, die zu schnell und flüchtig, wie mit der heißen Nadel, gestochen ist. Gedanke: »Das war kaum wert, daß sie es mit Fleisch bezogen haben; es hielt ja auch nicht lange vor.« Dazu kommt Tabustimmung, als ob es durchaus vor »den Großen« geheimzuhalten wäre, denn es versetzt mich in Kombinationen der frühen und frühesten Kinderzeit, die selten so deutlich auftauchen wie vor einem moosigen Schlüsselbein im herbstlichen Wald, wenn der Wind durch die Wipfel fährt.[47]

~

Seifenblasen. Höchst vergänglich, doch wunderbar. Sehr dicht am Nichts. Indikatoren für feinste Luftwirbel.[48]

~

Auf dem Rückweg sah ich auf einer Treppenstufe noch eine Milbe, die bald rot, bald golden leuchtete – wieder ein Beispiel dafür, daß die Natur auch in der unscheinbarsten Gattung eine Prachtausführung kennt.[49]

~

Das Wandelnde Blatt, das ich in Weiden erstanden habe, beginnt sich am Fenster in der Sonne zu wiegen: so äußert sich bei den Netzflüglern das Wohlbehagen – entsprechend bei den Katzen dem Schnurren oder bei den Hunden dem Schweifwedeln.

Wir »weben« beim Schwingen im Tanze und im Gesang aus Wohlbehagen und auch zur Andacht vor dem Altar. Die Webebrust (3. Mose 10,15) wurde vom Priester geschwungen; sie konnte genossen werden, nachdem sie symbolisch gespendet worden war. Die Zuwendung ist immateriell.

»Weben« ist eines der Synonyme für »Dasein« überhaupt. »In ihm leben, weben und sind wir.« (Apg. 17,28) Eine dreifache Belichtung der Existenz.[50]

~

Der Auszug der Tiere ist ein Schauspiel, das sich wiederholt. Die Tragik liegt in den Aufzügen. Das Universum gewinnt und verliert an Bildern, doch nie von seiner unendlichen zeugenden und vernichtenden Kraft. Wenn ich die Schwalben sehe, befällt mich Trauer – doch nicht, wenn ich den Blick ein wenig wende und auf die Seelilie richte, die in der Fensterbrüstung hängt. Sie wurde kunstvoll aus dem Schiefer herausgemeißelt, in dem sie seit hundert Millionen Jahren verborgen war. Ein Echo des Lebens aus dem Unverhofften, dem Unvermuteten. Dem Schicksal der Schwalbe sind wir verflochten, nicht aber dem des Archäopterix. Hier rührt uns der Schmerz und dort die Fülle des Lebens an.[51]

~

Wieder einmal stellte ich meine Buprestiden ans Fenster, damit sie die Sonne beschien. Das ist keine symbolische Geste, denn, obwohl ich seit vielen Jahren ihre glänzenden Mumien verwahre, weiß ich, daß ihnen die Wärme behagt.[52]

~

Auf dem Sessel neben dem Kamin ein helles Kissen mit schwarzem Muster – es verwandelt sich in Idris[53] auf diesem Platz, den er im Winter bevorzugte. Ein Augentrug? Gewiß – doch andererseits nur möglich als Gruß des platonischen Idris – nicht das Kissen hat ihn: er hat das Kissen belebt.[54]

~

Am Südfenster klettert der Kaktus, von dem wir vor Jahren einen Ableger aus Taormina mitbrachten. Er hat die Decke erreicht, und wieder entzückt mich die Wendung, wie damals auf Malta, als ich mit Albert in einer Loggia saß: die Spitze hat sich abgewinkelt und sendet, um sich anzuklammern, Luftwurzeln aus. Die Stütze wird zum Haftorgan, der Fuß zur Hand. Ein Gleichnis wie in der Heiligen Schrift.[55]

~

Die roten Blumen, die man zuweilen im Fenster vor dunklen Zimmern sieht. Sie gleichen Lichtaufsammlern und sprühen im Sonnenschein Funken aus.[56]

~

Die Passionsblume am Fenster hat eine neue Girlande angesetzt. Durch ihr grünes Gitter fällt der erste Blick auf ein Dompfaffenpärchen – es pickt einige Körnchen und fliegt zur Linde davon. Dem ausgeruhten Auge erscheint das Wesen wie eben erst erfunden und aus der Schmelze herausgehoben; die Schönheit trifft und macht betroffen als eine Probe aus unerhörten Abgründen, als Prüfung auch.[57]

~

Mit dem ersten Frost belebt sich das Fensterbrett. Den Anfang macht eine Meise mit gelber Weste und weißen Backen, die leuchten wie Glacéleder. Eine Kohlmeise; sie klopft ans Fenster – das Tierchen muß sich über ein Jahr hinweg daran erinnert haben, daß hier offene Tafel gehalten wird. Jetzt ist es Zeit, die Körner auszustreuen.

Das war der Erstling; ihm folgen viele und putzen die kahlen Linden drüben mit bunten Farben auf. Es dreht und endet sich in den Zweigen – ein zierliches Mobile, das vom grauen Morgen bis zum Abend die kurzen, frostigen Tage belebt, ein wirbelndes Federspiel. Der Schnee belehnt die Farben mit besonderem Glanz.

Die Vögel kommen zum Greifen nahe an den Arbeitsplatz heran. Unter dem immerblühenden Hibiskus und der Brunfelsia[58] weiden Flußpferd und Wasserbüffel; die tropische Kulisse schirmt den schmalen Tummelplatz ab. Hier kann sich der Blick vom Manuskript und von der Lektüre am wechselnden Zwischenspiel ausruhen. Er kehrt aus wiederum anderen Regionen zurück. Eben noch haftete er an einem Wesen von der Farbe des dunkelsten Nußöls und schwefelgelbem, scharf akzentuiertem Seitenstrich, einer Cetonia.[59] Daß sich das Gelb in diesem schweren, öligen Braun verbirgt, versteht sich; erstaunlich ist der jähe Sprung, mit dem es sich hier sublimiert. Würde ihn ein Maler gewagt haben, etwa Braque, zu dessen Palette das geheimnisvolle Braun gehört, so wäre es ein genialer Zug.[60]

~

Als Morgengast vorm Fenster ein Star im Hochzeitskleid; ich habe es zum ersten Mal in solcher Nähe gesehen. Die Federn bewegten sich und blitzten wie eine Brünne,[61] der durch einen Hauch von Öl Hochglanz verliehen worden war.

Häufig kommt jetzt der Dompfaff; er fällt in Gesellschaften ein. Der Schnee steht ihm besonders gut. Der Zeisig bevölkert Stauffenbergs Linde – vielleicht schon auf dem Rückzug in nördliche Gegenden. Nach Brehm erscheint er um diese Zeit manchmal zu Tausenden.[62]

~

Am Schreibtisch: Wenn der Dompfaff mein Fenster anfliegt, versinke ich in Andacht; mehr kann ich für die Götter nicht tun. Ein Sendbote.[63]

~

Vor mir auf dem Tisch eine Lampe, antik mit offener Oberseite; sie hat tagsüber gut gebrannt. Nun saugt der Docht am letzten Tropfen Öl; er beginnt zu »pfuzgen«, wie man in Schwaben sagt. Explosionen en miniature. Die Flamme nimmt Abschied in einer Zuckung von geisterhaftem Blau.[64]

~

Maiglöckchen waren ihre Lieblingsblumen;[65] ich stelle einen Strauß davon unter ihr Bild. Ein feinstes Rauchopfer steigt zu ihm empor. Nur sie allein hört den Klang der Glöckchen, der es ankündigt.[66]

~

Bei stürmischem Wetter mit Blumen zum Friedhof wie seit vielen Jahren an diesem Tag. Über dem Grabstein hatte die Hängeweide Kätzchen getrieben. Das Moos der Randeinfassung trug die Winterfarbe: dunkelrot.

Ich glaubte an einen Augentrug, als ich zwischen den Gräbern Friedrich von Stauffenbergs und Martin von Kattes einen Flieder blühen meinte, der sich indessen als ungewöhnlich starker und üppiger Seidelbast entpuppte; Daphne erschien.[67]

~

Zweige vom Lebensbaum, die ich neben Ernstels Bild in eine Vase stelle, halten das Wasser monatelang frisch; es verdunstet auch kaum. Bei den Forsythien dagegen, die um diese Zeit als »Barbara-Zweige« vorgetrieben werden, muß ich es schon nach Tagen auswechseln.[68]

~

Der erste Schnee. Die roten Nelken halten sich lange im Frost; sie leiden erst, wenn es taut. Ich legte einen Strauß auf das Grab, zündete ein Totenlicht an.[69]

Das Leben gleicht einem Bambusschaft, der sich rhythmisch knotet und damit in seiner Festigkeit erhöht. So gibt es immer wieder Zeiten, in denen sich der rein chronologische Fortschritt, das Älterwerden, sinnvoll konzentriert. Das sind Geburtstage in höherem Sinne, Reifungen gegenüber der bloßen Alterung. Im Sterben verknüpft sich der Lebensring noch einmal, vor dem Fruchtstand der Ewigkeit.[70]

IN DEN TROPEN

Die Tropen kannte Jünger schon früh aus der Lektüre von Abenteuer- und Reisebüchern. Den Traum, einmal selbst exotische Gefilde zu erkunden, erfüllte sich Jünger 1936 mit einer Reise nach Brasilien. Später folgten ausgedehnte Exkursionen nach Angola und in den fernen Osten. Die Tropen stellen für Jünger fremdes Terrain dar. Hier spricht er nie von Heimkehr oder Heimat, wie er das im Zusammenhang mit dem Mittelmeer tut. Die Tropen flößen ihm Respekt ein. Mitunter empfindet er sie gar als Bedrohung. Ihn fasziniert aber auch das gesteigerte Sterben und Werden, das sich gerade in Übergangsbereichen wie dem Mangrovenwald beobachten lässt. Die Auflösung der Gestalt schreitet hier schneller voran. Aber auch neues Leben entsteht schneller. Dadurch kommt es zu Vexierbildern, die das Auge täuschen können. Das fordert die Sprache heraus, und so ist es kein Wunder, dass sich in Jüngers Tropen-Stücken eine Naturprosa findet, die noch mehr um ihre eigene Existenz kämpfen muss, will sie das, was sich dem Auge darbietet, halbwegs adäquat beschreiben. Jünger begegnet dieser Herausforderung durch eine fast schon fotorealistisch zu nennende Prosa, die in der überwältigenden Bilderflut Haltepunkte fürs Auge schafft. Die Kunst wehrt sich gegen den Überfluss durch Reduktion.

Drei Punkte, selbst an den Grenzen der Sichtbarkeit, wecken das Bedürfnis, sie durch eine Linie zu verbinden; so entstehen die Sternbilder. Diese Linie ist unausgedehnt und nicht zu fassen; wir können uns also das Nichtvorhandene vorstellen – allerdings brauchen wir Anhaltspunkte dazu. Wir bekleiden die Figuren mit Bildern, indem wir aus dem Vorrat unserer Erfahrung Muster hervorsuchen. Hier könnten Übungen ansetzen.[1]

~

Zu den neuen Visionen zählt die des Sonnenaufgangs nach einer in großen Höhen verbrachten Nacht. So hier im Anflug auf Bombay: am Horizont erscheint ein Purpurstreif, über dem sich der Himmel zu einem blaßgrünen Band aufhellt. Das Gewölbe darüber noch mitternachtsblau.[2]

~

Hesperische Wärme. Wir suchen den Frühling in seinen Residenzen auf.

Am Horizont kreist ein dunkler Vogel mit schmalen Schwingen von Sensenform. Zuweilen taucht er in die Wogentäler, in Bogen segelnd, bei denen er oft auf der Spitze des Flügels steht.

Welch kühner Gedanke, der dieses Leben in seiner unerhörten Einsamkeit erfand.[3]

~

Im Golf von Aden; das Meer ist bewegt. Eine neue Mövenart begleitet das Schiff; Kopf und Flügel von zartem Braun; Leib, Stoß, ein schmales Halsband und der Saum der Schwingen sind hell gefärbt. Wie sie mit leichter Mühe das Tempo des Schiffes hält, ist zu bewundern; sie begleitet es auch auf lange Passagen im reinen Segelflug. Die Beobachtung der Tiere bleibt eine der besten Erholungen.[4]

~

Weiter im Indischen Ozean. Monsun. Die Farbe des Meeres erinnert jetzt wieder an die des Atlantiks, auch hinsichtlich der glasgrünen Tönung des Wassers durch die aufwirbelnden Luftblasen. Über den Kämmen Staubfahnen, in jeder leuchtet für einen Augenblick ein Regenbogen auf. Während des Mittagessens schlugen Brecher bis an die Scheiben; die Stewards näherten sich in schleifenden Tanzschritten.[5]

~

Nachmittags glatte See mit flachen Wellen; sie schmiegten sich hinab. Zuweilen Kräuselungen wie Gewebe, dann wieder Kriselungen, als ob es regnete. Inmitten der Glätte Schlieren und dunkle Einschlüsse. Dabei ein reges Leben: Schwärme Fliegender Fische stoben fächerförmig auseinander, Explosionen, die nach langer Flugbahn in einer Kette von Einschlägen endeten. Zwei Arten – eine kleine von der Form einer Heuschrecke und eine viel größere, solitär auftauchend. Braune Möven, daneben ein dunkler Vogel, dicht über dem Meeresspiegel sichelnd, nach Fischen ausspähend. Ein schneller Flieger; mit leichter Mühe umrundete er das Schiff. Einmal erschien in der Ferne für einen Augenblick die rotbraune Rückenflosse eines Delphins.[6]

~

Seit gestern vergnüge ich mich mit dem Studium der Fliegenden Fische, die bald hinter den Azoren auftauchten. Sie schießen vor dem Bug des Schiffes, zuweilen einzeln, häufiger noch in Schwärmen, aus dem Wasser auf. Die ersten, die ich erblickte, waren ziemlich klein; sie schienen mir kaum spannenlang. Auch glaubte ich zunächst an einen Augentrug, an ein reines Erzeugnis der Phantasie. Als sich jedoch das Schauspiel wiederholte und größere Tiere aufstiegen, prägte sich mir bald der Ablauf des Fluges ein. Der Fisch erhebt sich pfeilschnell aus dem Meer und schwebt flach über seinen Spiegel hin. Bevor er sich ablöst, wirbelt der Schwanz noch eine Weile wie eine Schraube auf dem Wasser, dann fliegt der Körper, wie aus einer Schleuder abgeschossen, durch die freie Luft. Im Anfang der Bahn perlt eine Doppelkette von Wassertropfen von den ausgespannten Flossen ab. Nach einer oft ausgedehnten Fahrt, bei der auch Bögen beschrieben werden, taucht der Fisch mit angelegten Flossen wieder ein. Die See spritzt dabei wie unter dem Einschlag eines Geschosses auf.

Kleinere Stücke waren perlgrau opalisierend mit blaugrün schimmerndem Flossengrund; bei größeren belebten sich die Farben und nahmen Lichter des Pfauenhalses an. Die Form erinnert mehr an eine große Heuschrecke als an einen Fisch. Der hohe Grad von Prägung, von Ausgeformtheit, der dem Schauspiel innewohnt, läßt eher ein Insekt vermuten als ein Wirbeltier.[7]

~

Bewegte See, Schaumkronen weithin. In den Kabinen Gepolter, in der Küche Geklirr.

Die Fenster werden vom Gischt besprüht, in dem sich ein Regenbogen erhält. Durch diesen Schleier verfolge ich den Tanz einer Schule von Delphinen, die mühelos im goldbraunen Spiel von Yin und Yang den Kiel kreuzen. Auch den Fliegenden Fischen kommt die hohe See gelegen; sie beschreiben, die Wellenkämme streifend, Kurven, deren sie sonst nicht fähig sind.[8]

~

Das Blau des Meeres verfärbte sich am Morgen zu bläßlichem Grün. Dann wurde das Wasser immer trüber und endlich lehmig gelb. Das Schiff schwimmt auf dem Amazonas, ohne daß der Eindruck einer Flußfahrt entsteht – es gleitet am linken Ufer wie an einer Meeresküste den Strom hinauf. Zunächst erscheinen weiße Dünen, über denen Wedel von Kokospalmen winken, dahinter ragen dunkle Laubmauern. Deutlicher wird der Wald auf einer kleinen Insel, auf deren Sandbänken Schilfhütten, ausgespannte Netze und Boote hinter einem Gitter in der Sonne bleichender Mangroven zu erkennen sind. Leider dunkelt es gar zu bald. Im Zwielicht erhaschte ich noch den Umriß eines riesenhaften Fisches, der mit rüsselförmigem Kopfe und pfeilartig zugespitztem Leib als grüner Schemen im Wasser stand.[9]

~

Wenige Schritte tiefer liegt ein Mangrovensumpf. Landkrabben bevölkern ihn. Die Scheren leuchten wie blaues und rotes Porzellan. Vielleicht sind sie es, die das seltsame Knacken hervorrufen, das aus dem dunklen Gewirr der Stelzenwurzeln schallt – dem trockenen Knall der Kinderpistolen ähnlich, aus denen man Pfropfen schießt. Auch hier der erzgrüne Kolibri; er sitzt

auf einem toten Ast und plaudert in leisen, zärtlichen Pfiffen mit seinem Weibchen, das im Laub verborgen ist. Die Ränder des Sumpfes sind reich an Insekten; so ist ein hohes Schilfstück an seinen Spitzen von Heuschreckenbrut wie von einem schwarzen Aussatz befleckt – fast als ob das tierische Element sich durch Urzeugung, durch eine Art von verheerendem Brand, aus dem pflanzlichen entwickelte. Ein mittelgroßer, schwarzer, mit einer gelben Binde gezierter Bock fliegt eine Liane an – es ist ein alter Bekannter, Trachyderes succinctus,[10] den schon der große Linné in seinem Natursystem beschrieb. Noch erinnere ich mich, wie ich als Knabe ein solches Stück bei einem Händler in der Hannoverschen Breitestraße erstand – als ersten Exoten meiner Sammlungen. Wie oft hatte ich seitdem den Wunsch, ihn einmal »auf freier Wildbahn« zu beobachten. Nun ists geschehen, und ich schenke ihm das Leben zum Dank.[11]

~

Ich hatte mir gestern einen Pfad gemerkt, der ganz in der Nähe des Hafens in die bewaldeten Sümpfe abzweigte. Ihn suchten wir in der Frühe wieder auf, und so konnte ich mir einen alten Wunsch erfüllen: den Mangrovenwald einmal zu Fuß zu betreten, anstatt nur im Vorbeifahren seine bleichen Gerippe zu sehen.

Zunächst freilich schien es, als ob ich mich zu früh gefreut hätte. Der Pfad endete bald an einem unwirtlichen Ort, einem riesigen Schutthaufen, auf dem Raben und verwilderte Hunde sich mit den Abfällen beschäftigten. Zum Glück zog sich von dort ein mit Schilf bewachsener Sandstreifen zwischen schlammigen Rinnsalen entlang. Auf dieser Rippe konnten wir langsam auf und ab gehen, uns auch auf den Sand setzen, um in Ruhe den Wald, das Wasser und die Schlammbänke zu beobachten. Das lohnte sich.

Zu den Genüssen einer solchen Begehung gehört das Wiederfinden von Begriffen in der Anschauung, ihre Erfüllung in der plastischen Gegenwart. Von allem, was sich darbot, hatte ich bereits in Reisebeschreibungen und botanischen Werken gelesen, in Kollegs und Vorträgen gehört. Nun wurden in dieses Gerüst die Dinge gestellt; der blasse Traum verwandelte sich in ein farbiges Bild.

Da waren also die zahllosen Krabben, große und kleine; sie huschten bei unserer leisesten Bewegung in ihre Schlupflöcher. Sie eilten im Querlauf über die Sandbank, Geschöpfe aus Porzellan, grellten die blauen und roten Scheren empor. Da waren die gestelzten Büsche und Bäume mit dem harten, an Lorbeer erinnernden Laub; zahlreiche und sehr verschiedene Arten verbargen sich unter ihrer Gleichtönung. Das Wasser tropfte von ihnen herab. Da waren auch ihre Früchte, schon ausgereifte Embryonen, schlanke, grüne Torpedos mit Wimpernkränzen, die den lotrechten Fall gewährleisteten. Ich konnte sie in die Hand nehmen. In der Tat: sie mußten tief einschlagen und rasch wurzeln, um den ständigen Wechsel von Ebbe und Flut zu überstehen. Da waren endlich auch die Fische, die mit Lungen atmen und auf die kahlen Wurzeln klettern; wenn ich am Ufer entlang ging, ließen sie sich wie Frösche ins Wasser fallen und glitten wie Boote auf seinem Spiegel davon.

Das war eine seltsame Halb- oder Doppelwelt, ein Reich amphibischer Wesen nach einer Sintflut oder in einer Lagune der Steinkohlenzeit. Schlamm war ihr Medium. Manche dieser Geschöpfe hatten sich aus dem Wasser erhoben, andere wollten dorthin zurückkehren. Proteus war auch im Ganzen, war atmosphärisch zu spüren, als ob sich das Werden hier raffte, dort zeitlos würde in seiner innersten Geschäftigkeit: in den aufsteigenden Dünsten, die sich mit dem Tropfenfall mischten, im Wallen und Sieden der Gewässer, in der Aufschupfung winziger Krater aus den Schlammbänken: tausend Anzeichen einer verborgenen, durch die Sinne kaum angeschürften Wirksamkeit. Und doch war es wiederum still.[12]

Exkursion in die Wälder oberhalb des Toba-Sees. [...].[13] Am Wege häufig: Arenga, die Zuckerpalme, über die ich mich schon zu Haus in Seemanns »Naturgeschichte der Palmen« orientiert hatte, der Alexander von Humboldt ein Vorwort gewidmet hat.[14] Es überraschte mich nicht, diesen Baum in so großen Beständen angepflanzt zu sehen, da sein vielfältiger Nutzen noch den der Kokospalme übertrifft. Er wird vorwiegend seines Saftes, der berühmten Toddy, wegen kultiviert. Dieser Saft fließt zwei Jahre lang aus den »gepeitschten« Blütenkolben; er wird frisch als Most und vergoren als Palmwein getrunken oder zu einem Zucker von besonderem Wohlgeschmack raffiniert. Auch wird ein Arrak aus ihm destilliert; [...]. Die Fruchtkerne der Zuckerpalme sind eßbar, aus dem Mark wird ein sagoartiges Mehl gewonnen; die schwarzen, dem Pferdehaar ähnlichen Fasern dienen zu Seilerwaren, die Wedel zum Dachdecken. Die ausgehöhlten Stämme sind als Wasserrohre besonders brauchbar, weil sie lange im Boden ausdauern. So ließe sich noch mehr aufzählen: der Baum ist gleich dem Lama durchaus nützlich; ich weiß nicht, ob er, wie die Dattelpalme in Ritter,[15] schon seinen Monographen gefunden hat – er hätte es durchaus verdient.

Solange der Saft fließt, wird er täglich gezapft. An einem der Stämme lehnte die einfachste Leiter, die man sich denken kann: ein hohler Bambus-Schaft mit Ausschnitten gleich Mauslöchern, in die gerade der große Zeh geschoben werden kann.

Immer wieder welkes Laub in der tropischen Kulisse: die Nelkenbäume sterben an einem Virus, das eine Wanze überträgt.[16]

~

Die Palmen gelten als die Fürsten unter den Pflanzen; die Orchideen lassen sich der Aphrodite zuordnen. Der Geist fliegt, wohin er will; und der Liebestrieb schafft sich die Organe, wo und wie immer er ihrer bedarf.[17]

Der erotische Zauber der Orchideen erweist sich auch daran, daß die Farbe, besonders der violetten Arten, nicht nur leuchtet, sondern auch, ähnlich den Düften, abwallt, leicht stimulierend wie ein beginnender Rausch.[18]

~

Das Grün der dichten Laubmassen ist nicht eintönig, sondern vielfach schattiert und abgestuft. Nicht nur der Unterschied der Farben, sondern auch der Formen gibt der Baumwand ihre verwirrende Vielfalt, die jedoch immer vereint, beherrscht wird durch die triebhafte Wucht, die Massenhaftigkeit an sich. Zwischen das Laubwerk sind die Wedel und Fächer der Palmen eingesprengt, deren Stämme silbern aus dem Dunkel aufleuchten. Gleich welken Fahnen hängt unter dem Grün der frischen Sprossen die alte Blattgarnitur.[19]

~

Der Urwald ist schwer zu durchforschen; man hört zwar die Stimmen der großen und kleinen Tiere, die ihn bewohnen, doch bekommt man sie nur selten zu Gesicht. Wie oft habe ich vergeblich eine Zikade, deren Schrillen das Ohr betäubte, auch zu sehen versucht. Die Laubmassen verbergen auf vexierbildhafte Weise Detail und Gliederung der Vegetation.

Die Form des einzelnen Baumes wird durch Geniste von Parasiten, das bleiche Geäder der Schlingpflanzen und ihre herabhängenden Girlanden aufgelöst. Das steile Licht, das durch die Kronen auf Kraut und Büsche sickert, zerstückt mehr, als daß es individuiert.

Die Töne kommen im Fortissimo nicht auf. Mit dem Urwald ist es wie mit den starken Medizinen, die erst im Aufguß oder in der Verdünnung ihre Kraft erweisen – erst an den Rändern wird sein Reichtum offenbar: am Strand des Meeres und der großen Flüsse, den breiten Straßen, den bebauten Rodungen.[20]

~

Die Flora verdichtet sich zu Vexierbildern. Es ist nicht zu enträtseln, welche Blätter und Blüten dem Baum, welche den Schlingpflanzen oder den Schmarotzern angehören, die sich auf ihm einnisten. Wir rasteten unter einem Indischen Feigenbaum, der sich zu einem Wald entwickelt hatte; seine Luftwurzeln hingen wie Fäden, andere wie Seile herab, und wiederum andere hatten Stämme gebildet, die das gewaltige Dach trugen. Ein solcher Baum muß es gewesen sein, unter dem das Heer Alexanders Schatten fand.

Wie vom Schnürboden eines ungeheuren Theaters blickten wir auf den See des Gartens hinaus. Die Luftwurzeln waren mit Moosen behangen und mit Farnen, die wie Hirschhörner gezackt waren. Alles schien frisch aus der Sintflut hervorgegangen; noch troff das Wasser von den Blättern ab.[21]

~

Gerade hielt ich mich vor einer Papilionacee[22] mit löwenzungenförmig vorgestrecktem Stempel auf, als ein Tierchen anflog, das ich für eine Hummel hielt, bis ich zu meinem höchsten, freudigsten Erstaunen erkannte, daß es ein Vogel war, ein Kolibri. Das winzige Wesen war rötlich zimmetfarben, mit langem, braunem Augenwisch. Während es schwirrend vor der Blüte stand, war der kurze Schwanz als eleganter Fächer auf den Unterleib zurückgeschlagen; der Schnabel stach als zart gebogenes Florett den Kelchgrund an. Das Tierchen flog dann wie ein Funke ab und setzte sich auf den abgestorbenen Ast eines großen Baumes, wo es kaum sichtbar verharrte wie ein Strichlein oder das Stengelchen von einem Blatt.[23]

~

Obwohl auch hier der Frühling schon fern war, durchbrachen Blüteninseln wie Paukenschläge das eintönige Grün. Darunter Eruptionen von weithin leuchtendem Kaisergelb: gewölbte Cassia-Kronen,[24] die von riesigen, stahlblauen Hummeln umkreist wurden. Daneben das Feuerwerk der Flamboyants.[25] Ihre glühenden Schirme markieren den Eintritt in Länder, von denen man in den Winternächten träumt. Es gibt kaum einen Reisenden, dem sie nicht als die ersten Signale der Tropenwelt auffielen. Noch glühender brennt die Krone einer nahen Verwandten, der »Pracht von Barbados«.[26] Der grellrote Kern der Blüte ist gelb gerandet; die Staubgefäße hängen als blutroter Schweif herab. Hier, vom erhöhten Standort aus, werden die hellen Töne lebhafter, als würde in Schmelzpfannen der Schwefel aus dem Zinnober herausgeglüht.[27]

~

Früh auf, um in der Umgebung einige Einblicke in tropische Waldstücke zu tun. Das Unterfangen ist nicht einfach, obwohl an wilden und ausgedehnten Wäldern auch in der Nähe der Küste kein Mangel herrscht. Die eigentliche Schwierigkeit, den Wald zu sehen, liegt darin, daß man, um zu ihm zu gelangen, sich der Wege bedienen muß. Man kommt dabei gewiß an Punkte, an denen man sie verlassen könnte, doch findet man sich dann sogleich von dichten grünen Polstern und Rankenwerk umschlossen, innerhalb deren sich die Möglichkeit sowohl der Bewegung als auch des Schauens auf ein geringes Maß beschränkt. So steht ein jeder Blickpunkt in Beziehung zum zivilisatorischen Netz. Im Grunde handelt es sich nicht um räumliche, sondern um geistige Verhältnisse; und das, was wir als »Wildnis« ansprechen, werden wir stets von einem Außenpunkte sehen, wir müßten denn darin untergehen.

Auf diese Weise gewann ich verschiedene Standorte von einem Wege aus, der sich durch dichte Bananenhaine schlängelte. Inmitten der Pflanzungen erhoben sich Waldstücke wie Inseln, zwischen denen bunte Vögel hin und her flogen, während in den feuchten Mulden Mangrovenwälder brüteten. Unter den Vögeln erstaunte mich ein Tier von Taubengröße, das sich durch ein übernatürlich brennendes Rot auszeichnete. Der Anblick des grellen Gefieders war beinahe schmerzlich, als ob das Auge von einem glühenden Pfeil getroffen, die Netzhaut mit einem Stift geätzt würde. Ich kam auf den Gedanken, daß in ihm, wie in gewissen Sorten roter Tinte, seine grünmetallische Komplementärfarbe enthalten sein müsste, denn das Feuer war so stark, daß es einen geheimen Kontrast voraussetzte, auf dem es überhöhend leuchtete. Es loderte aus der Tiefe auf.

Einige der Waldstücke schienen sich weithin auszudehnen, andere nur aus wenigen riesigen Bäumen zu bestehen. Es war unmöglich, sie abzugrenzen, denn jeder Stamm glich einer Arche Noah der Pflanzenwelt – er war von einer Unzahl von Gewächsen besiedelt, und es hatte fast den Anschein, als ob die wirren Gebilde soeben triefend aus den Wassern einer Sintflut emportauchten. Ich spürte den Wunsch nach einem Fernglas, um die Fülle der Blätter und Blüten zu entziffern, die auf den Stämmen und den weit ausgestreckten Ästen wucherten. Doch auch das unbewaffnete Auge unterschied die grünen, roten und marmorierten Bromeliaceen,[28] Orchideen, Araceen[29] und die Philodendron, deren Blattwerk in großen, spitz ausgezogenen Wimpeln die Stämme verkleidete. Von den äußersten Enden der dürren Äste hingen silberne und moosgrüne Bärte herab.

Diese mächtigen Einheiten hüllt wie ein zweiter Lebensgürtel das dichte Netzwerk der Schlingpflanzen ein; es verspinnt und verflicht sie sowohl in der Höhe und Tiefe als auch diagonal. Ihre glatten Stränge und Kabel sieht man im Halbdunkel aufleuchten wie die Gerüste einer Architektur, die sich in den Stauden und Büschen des Unterholzes verliert. Das Ganze ist so beschaffen, daß die reine Kraft des Wachstums jede Vorstellung der Individuation aufhebt und unterdrückt. Hier äußert sich gewaltsam die Übermacht des Lebenstriebes, die der Betrachter auch gegen sich gerichtet fühlt.[30]

~

Rundgang um das ganze Revier, an der Umzäunung entlang. Er dauerte drei Stunden; ich ging allerdings langsam und blieb häufig stehen. Hin und wieder begegnete ich einem Gärtner, der auf den offenen Flächen den Rasen in Ordnung hielt.

An der Peripherie ist der Friedhof als botanischer Garten gehalten; den tropischen Pflanzen, darunter riesenhaften Araceen, entströmte ein Wohlbehagen, das sich dem Gemüt mitteilte. Dafür sorgten auch die parkartigen Abstände zwischen den Bäumen und Blütenbüschen; die Arten verloren sich nicht in der Fülle, wie in den Urwäldern. Zum ersten Mal im Leben sah ich hier zwischen den Papilionen auch Ornithoptera, den Vogelfalter, mit sammetschwarzen Vorderschwingen, von denen sich die elegant geschnittenen, goldgelben Hinterflügel abhoben. Das Wesen schwebte langsam, majestätisch vorüber, als Seelenvogel in diesem Totenreich.[31]

~

Einsamer Spaziergang von Santos nach der Siedlung São Vicente über einen bewaldeten Bergrücken. Der Weg war reich an wunderbaren Ausblicken, so auf ein Tal, das von einem Wasserfall belebt wurde, durch dessen Irisschleier das tropische Grün in höchster Frische leuchtete.

Auf dem Waldpfad ein Gefühl des Glückes, wie es uns so selten überfällt. Ich möchte die Zeit dann festhalten, ihr Bremsen anlegen; sie rollt zu schnell und schön. Wieder ein wenig Furcht. Der Urwald hat auch etwas Muschelartiges, mit Eindrücken wie Perlen darin.[32]

~

Die äußere Umfriedung säumte ein Dschungel, über den sich Palmen und Laubbäume erhoben, auch Bambusgruppen und Musaceen,[33] darunter der Titanenfächer des »Baumes der Reisenden«.[34] Er zählt zu den Gestalten, die keine Einbildungskraft ersinnen könnte und die doch auf den ersten Blick bekannt erscheinen als eine Erinnerung aus dem Nie-Gesehenen.

Beim Streifen geriet ich auf einen der Plätze, die die Gärtner zu verstecken pflegen, weil sie dorthin das welke Laub und ausgeschnittenes Gezweig abräumen. Er war wohl des längeren von ihnen nicht benutzt worden; das verriet der Wildwuchs, der als Vorstoß eines neuen Urwalds aufschoß, zunächst in strotzenden Fontänen riesenhafter Blattpflanzen.

Es gibt Begegnungen mit dem Bios, bei denen das Staunen der Furcht zu weichen beginnt. Selbst die Nähe gefährlicher Tiere kann nicht den Schrecken erzeugen, mit dem die Wucht des Wachstums überrascht. Wir fühlen die Erdmacht des vegetativen Lebens; seine Ruhe ist stärker als die Bewegung, sein Schweigen bedrohlicher. Ich hörte schon von manchem, daß ihn an solchen Orten eine unerklärliche, aus der Tiefe aufsteigende Angst befiel.

Auch das Bekannte verändert sich. Da sind etwa die Araceen, die an unseren Waldrändern der Aronstab vertritt. Am Grund der Hecken fällt er weniger durch seine dunkelgrünen Blätter als durch die violetten Blütenkolben und die scharlachroten Fruchtstände auf. Jenseits der Alpen tritt an seine Stelle der Giglio d'oro, die Goldlilie, ein blasseres, aber mächtigeres Kraut. Es liebt den Schatten der Olivenhaine; ich sah es dort in der Toskana und in Ligurien, auch auf Korfu, wo es sich am Fuß der alten Stämme besonders wohl fühlte. Weiter im Süden kommt dann Dracunculus, die Drachenwurz. Als ich zum ersten Male, auf Rhodos im Rodinotal, die mannshohen, gefleckten Blütenschäfte aufgeilen sah, glaubte ich, daß die Familie dort ihren Herakles erzeugt hätte.

Doch hier auf der tropischen Lichtung lassen mich die Vergleiche im Stich. Auf bleichen Schenkeln fächert sich ein grünes Gewölbe auf. Es scheint, als ob das über Nacht geschehen wäre; ich sehe, wie der Saft in den Adern pulsiert. Ein silberner Dunst galvanisiert die riesigen Blätter; Wasser dampft aus den Blattscheiden. Da wirkt ein anderes Erdalter.

Bei solchen Überraschungen ist es gut, wenn sich Bekanntes einstellt, das wir benennen können, ein Fixpunkt im Unaussprechlichen. Nicht umsonst heißt es »namenloser Schreck«. Auf einem dieser Blätter bewegt sich ein stahlblaues Wesen mit korallenroten Beinen: eine Cicindela. Freilich verhält sich das Geschöpf atypisch; es gehört ohne Zweifel zur Familie, doch zu einer anderen Gattung – es muß eine Collyris sein. Ein Indo-Australier, schon recht fremdartig; ich kenne Verwandte aus den Sammlungen.

Ich strecke die Hand aus; ein blauer Schatten fliegt davon. Aber schon fällt der Blick auf andere seinesgleichen, die sich auf den Riesenblättern wie auf Billardtüchern tummeln; es muß heute ein Hochzeitstag sein. Daher ist es nicht schwierig, ihnen nachzustellen; ihre Bewegungen sind nicht besonders rapid. Auch das ist atypisch. Abends kann ich mich an Bord mit einer kleinen Ausbeute beschäftigen.

Bei der Betrachtung wird die Freude durch ein altbekanntes Mißbehagen getrübt: durch das Hadern mit dem Demiurgos und seiner verwirrenden Kraft. Wozu denn wieder diese Ausschweifung? Der Typus hatte sich dem Inneren eingeprägt wie eine Münze, die nun an den Rändern unscharf wird. Zum Sandläufer gehört der Sand, gehört die Wüste mit ihren Merkzeichen. Ich lasse mit mir reden, wenn die Tiere schwarz und gewaltig werden wie die herkulische Mantichora[35] der südafrikanischen Dünen; das bleibt in der Familie. Hier aber sind sie in ein neues Medium, ein anderes Zeichen eingetreten, sind Urwaldbewohner geworden, die auf Blättern leben, und verloren die metallische Härte, die funkelnden Rennbeine. Im Laubwerk sind sie offenbar nicht nur auf eine andere Gangart, sondern auch auf eine neue Optik angewiesen, daher der lange, in einen schmalen Kragen ausgezogene Hals, der breite Kopf mit den Stielaugen. Das ist verwirrend und rückt sie in die Nähe fremder, von ihnen durch Abgründe der natürlichen Verwandtschaft getrennter Wesen, die als Stieläugler nach Beute spähen – der Mantis, der Krabbe, des Hammerhais.

Das Mißbehagen am Absonderlichen, an der Unbeständigkeit der Arten, ist auch fruchtbar, denn es kündet an, daß etwas bezwungen, befriedet, neu konzipiert werden soll. Hier will ein Bild die Grenzen sprengen, durch die der Begriff es umriß und einengte. Der Geist muß wohl oder übel darauf eingehen, wenn er nicht vor der Erscheinung kapitulieren will. Indem er die Grenzen weitet, fängt er das Bild wieder ein. Nicht in der Welt lag der Fehler, sondern in unserem Auge, unserm Inneren. Da ist ein Sprung, der auf den Ursprung verweist.[36]

~

Der grüne Spiegel des Korallensees inmitten tropischer Wälder und die flachen, dichtbewachsenen Inselchen in seiner Mitte erinnerten mich an die Stahlstiche eines meiner ersten Lieblingsbücher: Stanleys »Quer durch den Erdteil«[37] – so hatte ich mir den Victoria Nyanza[38] vorgestellt. Allerdings war das Ufer schon an zwei Stellen angeschürft – zu Vorarbeiten für einen Staudamm und ein großes Hotel. Den Scharen von Prospektoren, die heute entfernteste Einöden durchstreifen, geht es weniger um statische als um dynamische Aufschlüsse. Ströme sollen gelenkt werden, seien es die des Wassers oder die der Reisenden.

Wir aber konnten die Einsamkeit noch genießen, indem wir ein Boot mieteten und hinausfuhren. Das Wasser war stumpfgrün, eine sämige Algensuppe, und lehmgelb rund um die Eilande. Wir legten an einem von ihnen an, des glitschigen Ufers wegen nicht ohne Schwierigkeit. Ein so warmes Freibad je genommen zu haben, konnte ich mich nicht entsinnen; die Temperatur des Wassers überstieg noch die der Luft, die von gierigen Moskitos wimmelte. Deren Vitalität war so stark, daß sie zwischen Anflug und Stich kaum eine Pause machten; das Inselchen glich einem Ofen, in dem Funken umherstoben. Wir kleideten uns daher schleunigst und unter seltsamen Sprüngen wieder an.

Wie jede Unbequemlichkeit ihre angenehme Seite hat, wenn man sie nur zu finden weiß, so verhielt es sich auch mit dieser Attacke; sie brachte mich auf den Gedanken: »Hier müßte sich die Subtile Jagd lohnen«. Schon während der Fahrt hatten große, sammetschwarze Falter das Boot umschwebt. Ich sollte mich nicht getäuscht haben: als ich mit dem Stock an einen der abgestorbenen Bambusstäbe pochte, tat sich das Tor des Überflusses auf; gleich fielen einige Juwelen in den Schirm, den ich darunterhielt. Der Ausdruck »Juwelen« gilt ebenso der Pracht und Größe der Arten wie der Überraschung, ja der Bestürzung, die sie erweckten: den Demiurgos wieder einmal bei einer seiner unerschöpflichen Listen auf frischer Tat ertappt.[39]

~

Spät nach Quilumbo zurück. Die Tiere haben sich noch nicht an den Scheinwerfer gewöhnt. Ein gescheckter Nachtvogel umflatterte die Scheiben, Buschhasen liefen vor uns auf der Straße, in den Strahl gebannt. Grüne Lichter – niedere von den Ginsterkatzen, und einmal höher, wahrscheinlich ein Leopard.[40]

~

Im Scheinwurf gescheckte Nachtschwalben, die fast die Scheibe streiften, Genetkatzen, Kaninchen, ein Buschbock, grüne Lichter von stärkeren Raubtieren.[41]

~

Über Nacht entfaltete der Kaffee seine volle Blüte, ein betäubender Duft, fast wie von Jasmin, erfüllt das Gebiet. Die Bäffchen umringen nun als weiße Bälle die Gerten; ich zählte an ihnen bis zu fünfzehn Stück. Zuletzt umschließen sie als Manschette den Zweig. Darüber und dazwischen das Gewimmel von Bienen, Wespen, Hummeln, Käfern und oft sehr schönen Schmetterlingen, auch von Fledermäusen und Nachtvögeln. Schon gestern abend, als wir, vom Duft gelockt, hinausgegangen waren, hörten wir es mehr, als daß wir es sahen. Der Weg wurde zu beiden Seiten durch den Schimmer markiert. Das gab ihm Führung, wie im Traum.[42]

~

Unterwegs kreuzten wir, wie schon öfters während dieses Aufenthaltes, einen Ameisenzug. Die Heerstraße dieser kleinen schwarzen Art war aufgemauert oder eher aufgemörtelt; es gab Strecken, an denen der Tunnel eingebrochen oder niedergewalzt war. Dort herrschte reger Verkehr. Fast jedes Tier hielt eine Last zwischen den Kiefern, meist Larven in allen Entwicklungsstadien. Diese Abschnitte waren durch Mandibularier geschützt. Es gab auch bewachte Schlupflöcher an den Seiten, die mich an die Bunkerausgänge des Ersten Weltkriegs erinnerten. Besonders merkwürdig war ihre Sicherung durch ein Geflecht, das sich bei genauerer Betrachtung als ein Gewebe von Ameisen erwies, die sich mit den Kiefern zu einem Reißverschluß verhakt hatten. Täglich sind neue Türme und breite Trichter auf dem Weg entstanden, die darauf schließen lassen, daß ein ungeheures und weitverzweigtes unterirdisches System besteht.[43]

~

In der Hoffnung auf ein erfrischendes Bad stiegen wir durch den tropischen Wald auf glitschigen Pfaden zu den Wasserfällen des Tempelparks empor. Als ob es regnete oder wie in einem Treibhaus tropfte das Wasser von den hohen Bäumen auf die Farne herab. Die Fälle sind eines der Ausflugsziele der Bewohner Kuala Lumpurs; der Wald war von Melodien aus ihren Transistorgeräten erfüllt. Ein Student, schwarz wie die Nacht, schwang sich an einer Liane über die Schlucht. Ich sah ihn beim Landen öfters hart auf die Steine fallen; sein Körper schien elastisch und unempfindlich wie der einer Gummipuppe zu sein.

In der Höhe erreichten wir ein Granitbecken, in dem sich das herabstürzende Wasser sammelte. Das Bad war kühl und frisch. Sich unter solche Fälle zu stellen, ist unvorsichtig, da sie Steine mitführen können; trotzdem gönnten wir uns einige Male den Mörserstoß.

Am glatten Granit des Kessels haftete ein dunkler Bezug. Die nähere Betrachtung lehrte, daß er aus Kaulquappen bestand. Wunderlich schien, daß die Tierchen sich hier halten konnten; als ich eins in die Hand nahm, sah ich, daß sein Leib zu einem Saugnapf ausgehöhlt war. Und nicht bei ihm allein war die Natur auf diesen Trick verfallen – Libellenlarven, winzige Frösche und andere Wesen hielten sich ebenso. Ein erstaunliches Beispiel für den Modus, mit dem das Milieu, besonders die Bedrohung, Arten und Rassen uniformiert. Doch nur im Habitus.[44]

~

Weit vor der Stadt der Schlangentempel – – – »wie anders wirkt dies Zeichen auf mich ein«.[45] Der Raum ist dämmrig, Altäre und Wände schimmern in roten und blauen Lackfarben. In ihr Holz sind goldene Siegel eingefügt – chinesische Ideogramme und Drachen, deren Schuppen sich in ein Filigranwerk ausfädeln.

Von den Tieren ist zunächst nichts wahrzunehmen; hat das Auge jedoch das erste erfaßt, so erkennt es sie überall: in den Zweigen der Orchideen und der Zwergbäume, die in Bronzevasen gepflanzt sind, um Lampen und Kultgeräte geschlungen, hinter den Vorhängen und auf den Wandborden. Es sind gelbgrün geschuppte Vipern mit dreieckigem, vom schmalen Hals abgeschnürtem Kopf. Die größten sind armlang, doch unter dem Tisch entdecke ich ein dort ruhendes, viel mächtigeres Exemplar.

All diese Tiere scheinen zu schlummern; wenn der Wächter eines von ihnen aufnimmt, verrät eine träge Bewegung, daß Leben in ihm wohnt. Wir dürfen sie streicheln; die Berührung soll Glück bringen.

Warum sind diese giftigen Tiere hier so friedlich, so gutartig? Ist es der narkotische Duft des Weihrauchs, der sie schläfrig macht? Haben sie sich seit langem an die Nähe des Menschen gewöhnt? Ich hörte, daß sie in der Nacht erwachen und sich von den Eiern nähren, die ihnen die Gläubigen als Opfer bringen, sich dann auch begatten – der Priester zeigt uns ein winziges Junges, das sich um seinen Finger schlingt. Es ist eben geboren;

die Tiere sind vivipar.[46] Die Form ist schon unverkennbar, die Färbung noch eintönig lauchgrün.

Auch abgestreifte Häute, die in den Zweigen hängen, bezeugen, daß die Tiere hier heimisch sind. Diese Hüllen sind begehrt, vor allem von Brautpaaren, die Teilchen davon gemeinsam im Tee genießen, um einer langen, glücklichen Ehe sicher zu sein.

Ich sah hier meine Idee des Serpentariums verwirklicht – wenigstens zum Teil, denn die Tempel der Gäa und des Asklep sollten noch von Teichen und breiten Terrassen umfriedet sein. Mein alter Gedanke: wer nicht die Schlange überwindet, der überschreitet nicht die Schwelle zum neuen Zeitalter. Doch diese Überwindung kann nicht die christliche sein.[47]

~

Überall wateten Männer und Frauen, leicht bekleidet und von schirmartigen Hüten beschattet, in ihnen umher. Die einen eggten, die andern pflügten, die dritten setzten mit schnellen, ruck-

artigen Bewegungen die Pflanzen ein. Die Gleichzeitigkeit dieser Arbeiten erklärt sich daraus, daß Sorten angebaut werden, die zu verschiedener Zeit reifen.

Der Wasserbüffel ist dabei der unentbehrliche Gefährte des Menschen und innerhalb der Sümpfe so recht in seinem Raum. Wollte man ihn vom Wasser entfernen, so würde er eingehen. In Ägypten kamen mir die Tiere stärker und plumper vor, oder sie waren nicht so unmittelbar in ihrem Element wie hier in den Reisfeldern. Einige Male sah ich, wie ein Herr seinen Büffel mit Wasser bespritzte, dann wieder, wie das Tier ihm ohne Zügel zum Reiten diente, endlich auch Kinder, die sich bäuchlings zum Schlafen darauf gelegt hatten.

Dieses nützliche Wesen ist schön in jeder Haltung und Bewegung – besonders, wenn es mit vorgestrecktem Hals den Kopf leicht anhebt, während die Mondsichel der Hörner ihm auf dem Nacken liegt. So ruht es im Wasser und im Sumpf. Die Urkraft eines großen Zeichens verbindet sich mit mehrtausendjähriger Kultur. Schon Lao-Tse ritt auf einem schwarzen Büffel nach Westen davon.

Längst vor ihm, und auch vor Hesiod, hat der Bauer hier auf diese Weise gepflügt, gesät, gepflanzt und geerntet, auf eine Weise, die bald dem neuen Weltstil weichen wird. Der Reis ist das Brot. Was mir am Wasserbüffel auffiel, gilt auch vom Bild im ganzen: wohin auch das Auge blickt, stets eröffnen sich ihm gefällige, wohltuende Ausschnitte. Wie nach einer Sintflut scheint sich die Erde neu zu begrünen; der Schlamm ist voll gärender Kraft. Das ist ein Boden, auf dem auch das Gedicht gedeihen kann. Für den Abendländer kommt noch ein Wiedererkennen, ein Erinnern aus frühester Kindheit hinzu, an erste Bilderbücher und Figuren auf chinesischen Teebüchsen.

Bananenhaine, Bestände von Kokospalmen und anderen Bäumen, Pflanzungen, die um die Dörfer herum lichter wurden und längs der Flüsse an dichten Wald grenzten. Zitrusbüsche –

an dünnen Gerten hingen die Früchte als grüne Kugeln herab. Die Papayas reiften rings um die Stämme in dichtem Behang.[48]

~

Wir fuhren durch reich bewässertes Fruchtland; im tropischen Teil der Insel gibt es drei Reisernten im Jahr. Hier fühlt sich der Wasserbüffel wohl, besonders wenn er sich so tief in den Sumpf gebettet hat, daß nur noch die geriffelte Mondsichel und die Nüstern hervorragen. Ein amphibisches Wesen; die glatte, derbe Haut erinnert an Tiere, die ein ähnliches Leben führen, wie etwa die Salamander, Robben, Flußpferde. Auch hier wieder spürte ich die Aura, die das Geschöpf auszeichnet. Da ist nicht nur Güte, Zufriedenheit, sondern auch verehrungswürdige Macht. Daß der Inder sich weigert, das Fleisch solcher Wesen zu essen – nichts ist verständlicher.[49]

~

Wenn der Flamingo im flachen Wasser vom Gründeln ausruht, wirkt er mit dem gebogenen Halse anmutig – – – wenn er die Flügel ausspannt, elegant. Hier ist er dem Frieden des Wassers angeglichen, dort dem Widerstand der Luft. Dazwischen die grotesken Sprünge gegen den Wind: der häßliche Übergang aus einem vollkommenen Zustand in den anderen. Gilt auch für Übergänge und Zwischenzeiten jeder Art. Daher haben in guten Zeiten die Architekten auf die Schönheit der Treppenhäuser besondere Sorgfalt verwandt.[50]

~

Das Flattern Hunderter von Flügeln wird durch derbe Schläge akzentuiert. Mausgroße Käfer, die langsam anbrummen, treffen wie Paukenschlegel auf. Gewichtig sind auch die grünen Zikaden; sie bleiben am Tuche hängen und schwirren, wenn sie gelandet sind. Ihr Schrillen gehört zur ständigen Musik des Urwalds, die kaum noch wahrgenommen wird.

Mit den Sphingiden, großen, eleganten Schwärmern, ist Eduard Diehl[51] von Kindheit an vertraut. Er nennt sie bei

Namen, sobald sie anprallen. Manche von ihnen, die früher jeder Schüler kannte, besitzen hier nahe Verwandte, so der Oleanderschwärmer und der Totenkopf. Auch unser Weidenbohrer, zwar kein Sphingide, fliegt in ostasiatischer Fassung an.

Bei solchen Begegnungen mischt sich Bekanntes mit Unbekanntem; das verwirrt nach Art der Vexierbilder. Der erste Blick erfaßt das altvertraute Wesen, doch zugleich das neue Gewand, in dem es erscheint. Stilwandel innerhalb der Verwandtschaft – auch die amerikanischen Sphingiden haben ihr eigenes Webmuster.

Die Sphinxe kommen pfeilschnell; sie bleiben an der Zeltwand haften oder lassen sich fallen, indem sie die Dessous ausbreiten. Sie sind gewaltige Flieger; manche wandern wie die Zugvögel. Dank ihrer Stromlinie und ihrem zarten Flaume sind sie gut anzufassen – Torpedos, die gern in der Hand liegen.

Sphinx: ich hätte auf Linné als den Namensgeber wetten mögen, doch war, wie ich sehe, der große Fabricius[52] der Taufpate. Jedenfalls traf er ins Schwarze: von den Schwärmern geht ein besonderes Fluidum aus. Es ist zweideutig wie die Dämmerung, die sie bevorzugen, doch sind sie nicht darauf beschränkt. Mittagsflieger wie unser Taubenschwanz verharren gleich den Kolibris in praller Sonne vor den Kelchen, deren Nektar sie einsaugen, doch bei allen schimmern Flügel und Leibesringe in einem anderen Licht als dem des Tages – sowohl in der Palette wie im Detail. Manche der Muster wirken wattig, buntwolkig oder in Schlieren verschwimmend wie ein Schuß Absinth, der sich im Wasser verteilt, andere wiederum, als wären narkotische Essenzen darauf versprüht.

Das Spektrum ist vollständig, doch mondregenbogenfarbig; es harmoniert mit dem Duft von Blüten, die sich erst in der Nacht öffnen, und ist für feinere Organe als die unseren, mehr für den Tastsinn als für die Augen, bestimmt. Hier gäbe es Anregungen für Maler von Nacht- und Dämmerungs-

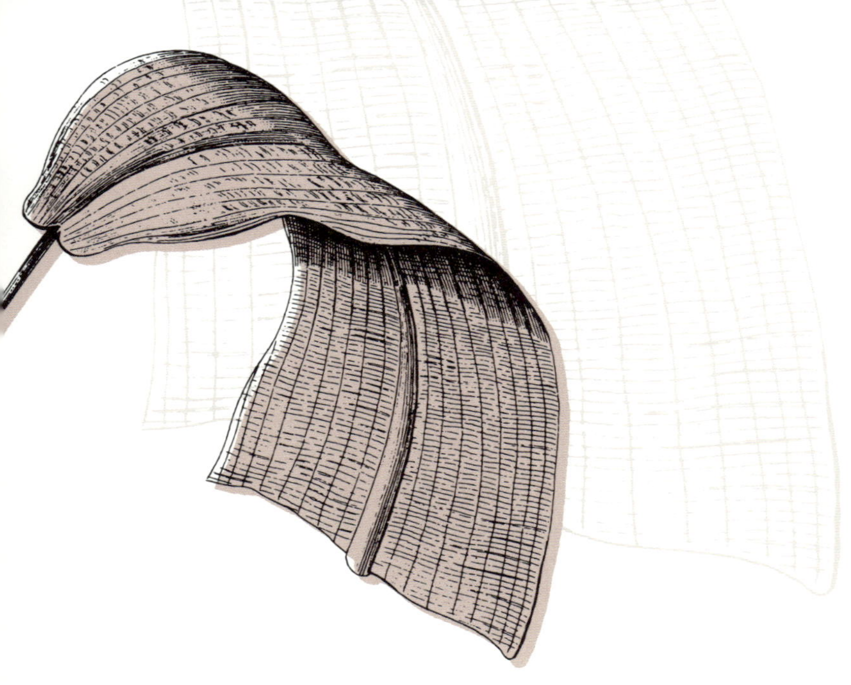

stücken in Füßlis Manier. Eine Auswahl würde genügen, denn von Sphingiden sind, wie ich von Eduard Diehl hörte, weltweit an dreitausend Arten bekannt, manche als Unika.

Eine solche Auswahl könnte auch rein zur Betrachtung stimmen: meditativ. Die Farben haben ihr Eigenleben; sie finden sich auch auf der Innenseite von Muscheln, die in der Tiefsee schlummern – das deutet auf geheime Feste; durch einen Glücksfund dürfen wir daran teilnehmen.[53]

~

Zum Frühstück wurden tropische Früchte gereicht, darunter die Laputilha mit fadem, sachariniertem Fleisch. Sie ähnelt einem derbhäutigen Boskopapfel mit wenigen lackschwarzen Kernen vom Umfang einer Türkenbohne, die am Nabel dornförmig ausgezogen sind. Köstlich dagegen ist die Mangopflaume, die einem prächtig goldgelb und violett bemalten Marzipanherzen gleicht, das man mit beiden Händen kaum umschließt.

Der Mangobaum, üppig belaubt wie eine große Weide, trägt von diesen Früchten eine schwere Last. Die Haut ist lederartig, leicht abzuziehen, das rötliche Fleisch darunter saftig, derb faserig und vom Geschmacke einer überreifen Aprikose, deren Süße durch einen harzigen Gerbstoff gemildert wird.[54]

~

Nach dem Frühstück, zu dem ein Überfluß an tropischen Früchten von vollkommener Reife angeboten wird, Muscheln sortiert. Wir sammelten so viele, daß eine Auswahl nötig ist. Dabei überraschen mich nicht nur neue Farben und Formen, sondern auch Extravaganzen wie auf einer Modenschau: Exzesse der Spirale bei den Meeresschnecken, und bei den Muscheln kühne Verstöße gegen die Symmetrie. Die äußere Windung eines Schneckenhauses erweitert sich posaunenartig, während die inneren zu einem Nabel reduziert werden.

Wenn ich die Patella einem an der Spitze durchlochten Chinesenhut vergleiche, so ist kaum zu fassen, was alles aus dieser Urfom modelliert werden kann. Neu war mir die fingernagelgroße Tec-Tec-Muschel. Die meisten Exemplare sind hell wie Marmor, einige rot gestreift. Das Tier hat sich einen Raum erschlossen, den wenige Arten mit ihm teilen: es wohnt im Sand des Brandungsgürtels und wird von den anrollenden Wogen freigespült. Dann bewegt es sich wie ein Insekt oder eine Krabbe und wird für Sekunden sichtbar, bis es sich wieder eingegraben hat. Die Kreolenkinder wissen es zu erhaschen und bringen die Beute der Mutter für die Tec-Tec-Suppe.[55] Die Muscheln sind nicht nur partiell, sondern substantiell erotisch; Eros wohnt nicht nur in den Organen, sondern im ganzen Haus. Das gilt in weiterem Sinne für die Mollusken überhaupt und schwächt sich mit ihrer Artikulation ab.[56]

~

Eine große, bei Einbruch der Dunkelheit hell erleuchtete Terrasse, davor ein Urwald bis weit über den Horizont hinaus, mit blühenden Bäumen und totem Holz. Da ließ der Anflug nicht lange auf sich warten – zunächst von großen Faltern, Käfern und Zikaden, die wie Spielzeuge knarrten, wenn sie nach dem Aufprall am Boden kreiselten. Im Nu waren die Wände rings um die Lampe und die weißen Fliesen mit Mustern bedeckt, und bald erwiesen die Fangflaschen sich als zu klein. Daneben fehlte es nicht an Winzlingen; auch Geckos und eine Kröte ließen sich sehen. Sie nahmen sich ihren Anteil, und über dem Waldrand räumten Fledermäuse zwischen den Schwärmen auf.

Erstaunlich war die Zahl und auch die Mannigfaltigkeit der Hirschkäfer – und doch erklärlich, da die Tiere sich im morschen Holz entwickeln, an dem es hier gewiß nicht fehlt. Sie kamen langsam, in fast senkrechter Haltung, angeflogen und waren auch an Größe recht verschieden; ein nußbrauner Adonis war nur wie der Daumennagel, ein brillantschwarzer Riese wie mein Mittelfinger lang.[57]

~

Im Garten dieser Moschee einzelne Gräber, dazwischen Blütensträucher, unter ihnen die größte Orchidee, der ich je begegnete: eine nach Art unserer Kletterrosen gezogene Vanda mit Hunderten von Blüten, die in violetten Rispen herabhingen.

Bei diesem Anblick fiel mir ein Dialog ein, den ich vor vielen Jahren mit Don Capisco[58] hatte, als wir in Steglitz vor einem Blumenladen eine solche Rispe betrachteten.

»Sehen Sie diese – ist das nicht ein Maximum an erotischer Kraft?«

»Ja, scheußlich«, antwortete er.[59]

~

Im Hotel ein Innengarten, den die Mauern wie ein Treibhaus einschließen. Darin ein steingefaßter Weiher – von Algen durchgrüntes Wasser, in dem eine Goldorphe die Flossen regt. Schon blüht das Indische Blumenrohr. Das Blatt in zwei Varianten: rein kupfergrün und rotbraun oxydiert.[60]

Abends, nachdem wir die kleine Küche des Schlosses hatten in Ordnung bringen lassen, saß ich mit Spinelli[61] im runden Salon. Der Ausblick von dort ist außerordentlich. Die Landschaft gleicht einer vorgeschobenen Bühne, deren Parkett die Rasenfläche des Parkes bildet, die beiderseits durch hohe Mauern von Bäumen gerandet wird. Diese Waldstreifen begrenzen auch wie Kulissen den Hintergrund; sie schneiden einen sanften Hang mit grünen Weiden und Gehölzen aus. Dazwischen liegt als Rampe ein unsichtbares Tal, aus dem der Kirchturm eines Weilers ragt. Den Horizont schließt eine zarte Krümmung ab. Auf diese Weise wirken Park und Vorland als nach allen Seiten wohlgelungene architektonische Begrenzung, deren Vollkommenheit in der Beschränkung liegt. Ich sah im Leben gewaltigere, prächtigere Prospekte, doch einen abgeschlosseneren, abgerundeteren nie.[62]

~

Als ich am Morgen ins Freie trat, schien es mir, als ob ich noch nie einen so schönen Park gesehen hätte, und ich kenne deren viele, auch sehr große, mit denen verglichen dieser eher ein geräumiger Garten war. Aber die Harmonie beglückte unmittelbar.

Einem Garten geben Blumen, einem Park Bäume das Gesicht. Deren Eigenart muß durch gebührende Abstände gewahrt werden. Das war hier gelungen; ebenso war Pücklers idealer Wunsch nach dem Abschluß durch einen fernen Hintergrund[63] erfüllt: durch eine Bergkette, aus der Vulkane ragten – aus einem stieg, als ob er an der Flanke verwundet wäre, ein heller Rauch empor.

Das Einzigartige an diesem Park war die Gesellung von Gewächsen, wie man sie in botanischen Gärten nur durch Warm- und Kalthäuser erreicht. Der Boden schien mit gleicher Kraft Blumen, Sträucher und Bäume der gemäßigten, subtropischen und tropischen Zone hervorzubringen; das war außerordentlich – ich merkte es erst, als ich mich dem Einzelnen zuwandte.

Vertraut aus dem heimischen Garten waren Rose, Begonie, Fuchsie, Dahlie, Zinnie, Sonnenblume – neben den mittelmeerischen Bekannten wie Feige, Rhizinus, Hibiskus, dieser mit goldenen Trompeten, wie ich sie hier zum ersten Mal sah.

Neu war für mich auch, daß die Blätter des Wandelröschens, wenn man sie reibt, nach Pfefferminz duften. Überraschungen ferner bei den Zitrusfrüchten, so eine Zitrone ohne Spitze, die einer länglichen Apfelsine glich, und eine bittere Orange, kaum größer als eine Olive, doch ähnlich geformt. Uns ist sie seit kurzem als »Qumquat« bekannt.

Tropisch: Flamboyant, Papaya und Mango, hohe Palmen, an denen exotische Spechte ihre Spiralen drehten.

»Ein wahres Arkadien«, sagte ich beim Frühstück zu Eduard Diehl, »hier wächst die Erdbeere neben der Ananas.« Er hatte auch die Erklärung dafür: kühle Nächte, heiße Tage bei hoher Luftfeuchtigkeit.[64]

~

Wir plauderten zunächst bei Obst und Wein und ergingen uns dann im Garten, einem dichten Zitronenhain. In ihm ergriff mich wieder das Gefühl, mit dem wir fremde Früchte, die wir von Kind auf kannten, im Lande ihres Ursprungs wachsen und reifen sehen. Darin liegt eine Ahnung von Paradiesesgärten – wir drangen zu den Inseln der Gewürze, den Quellen des Reichtums, vor. Und einmal treten wir vielleicht in Räume, die den edlen Früchten des Menschenlebens, den Heldentaten, den guten Werken, den Liebesopfern, heimatlich sind. Wir werden im Ursprung erquickt.[65]

~

Ein Schild »Spices« in der Nähe des Ausgangs bezeichnete einen lichten Hain von strauch- und baumartigen, meist nicht sehr hohen Gewürzpflanzen. Hier waltete ein freundlicher Inder, der, wie viele seiner Landsleute, den Typ des geborenen Gärtners verkörperte. Er führte uns unter die Bäume, zeigte uns auch duftende Gräser, Kräuter und Schlingpflanzen, wie den Pfeffer und die Vanille, nannte bekannte und unbekannte Namen – Zimt, Nelken, Muskat, Kardamom, den Pimentbaum von Jamaika, der den Nelkenpfeffer oder »allspice« liefert, und eine andere Sorte, aus deren Blättern man den Bayrum destilliert. Viele Gewürze haben, wie es ihrer Natur entspricht, sowohl eine gastronomische wie eine kosmetische Potenz. Wir durften fühlen, riechen, schmecken und immer wieder sehen.

Unter einem um 1840 von den Molukken eingeführten Muskatnußbaum, der immer noch reiche Ernte bringt, konnten wir uns überzeugen, daß er »in allen Teilen aromatisch ist«,[66] wie es in den Lehrbüchern steht. Den Zimtbaum hatte ich mir in ähnlicher Größe vorgestellt, doch fand ich ihn zu einer Art von Weidengebüsch zurechtgestutzt. Auf Ceylon ist eine besonders geschätzte Art einheimisch. Die beste Rinde wird, wie wir von unserem Inder erfuhren, aus den Mittelschäften geschält. Sie liefern den feurigen Ceylon-Kaneel,[67] auch das Zimtöl für die feine Tafel und die Parfümerie.

Beim Gang durch solche Gärten merkt man, wie schwer es ist, den Duft und Geschmack von Gewürzen zu beschreiben; sie besitzen ein unmittelbares Verhältnis zur Sinnlichkeit. Sie bilden eigene Adjektiva; Salz schmeckt eben salzig, Pfeffer pfeffrig und so fort. Daher findet sich in den Büchern auch immer wieder der »eigentümlich aromatische Geschmack«.[68]

~

Im Schatten unter dem großen Feigenbaum, Ficus indica. Er ist nicht zu verwechseln mit Ficus religiosa, obwohl beide, der eine den Hindus, der andere den Buddhisten, heilig sind. Sie werden uralt, überleben die Tempel und bezeugen an deren Ruinen den Kult, dem sie geweiht waren.

Ein solcher Baum gleicht einem Vexierbild insofern, als er bald als Einheit, bald als Mannigfaltigkeit erscheint – bald als Ahnherr, bald als Geschlecht.

Was ist geschehen? Von den horizontal ausgreifenden Ästen haben sich, zunächst als Fäden, Luftwurzeln herabgesenkt. Sie sind erstarkt, sobald sie Boden faßten, und wuchsen selbst zu Stämmen heran. Allmählich bildeten sie, wie Paladine um den

Stamm-Baum, ein Gerüst, dann einen Panzer, während der Alte nach ungezählten Jahren abstarb und vermoderte.

Doch starb er überhaupt? Er lebt im Abgezweigten weiter, ohne daß ein Einschnitt zu erkennen ist. Ein Stumpf würde ein Grabstein sein; so aber kann sich ein Wald bilden. Noch etwas trägt zur Verwirrung bei: Manche der abgezweigten Stämme wachsen so eng zusammen, daß sie zu siamesischen Zwillingen verschmelzen und in ihrem Eigenstand nicht mehr erkennbar sind.[69]

~

Der Zoologische Garten von Pará[70] beherbergt vor allem Tiere des Amazonasbeckens, von deren Frische und Lebenskraft man hier allein die rechte Vorstellung gewinnt. Ich sah das an den Pfefferfressern, die mir aus Berliner und Leipziger Volièren in Erinnerung waren: hier schienen alle Farben sich in Flammen umzuwandeln, so daß ich glaubte, ganz unbekannten Geschöpfen gegenüber zu stehen. An diesen Vögeln ist die Verbindung von Zartheit und Leuchtkraft des Gefieders wunderbar. Herrlich war auch ein roter Ibis im lotrechten Mittagslicht.

An diesem Garten war das Besondere, daß das Leben vor den Gittern nicht minder anziehend als das dahinter war. So flogen bunte Vögel und große Schmetterlinge um die Hibiskusblüten, und riesige Zikaden schwirrten von den Zäunen ab. An Mauern und Stämmen huschte ein langes Tier, halb weinrot, halb grün gleich unserer Smaragdeidechse, doch leuchtender, wie mit Brillantstaub bestreut. Die Lebenskraft, das funkelnde Dahinschießen all dieser Geschöpfe hatte etwas Außerordentliches, fast Unbegreifliches.[71]

~

Auch darin führen die Tropen über das gewohnte Maß hinaus. In der gesättigten Luft zerfließen die Farben auf feuchtem Grund. Sie staffeln sich durch die Unterschiede der Wolkenhöhen zu Kulissen und bestrahlten Vorhängen. Das schafft die

Tiefe vor der Weite des Meereshorizonts. Die aus der See aufsteigenden Schwaden schwebten als Sepiabäusche vor Bänken aus Rosenquarz und Malachit. Gold überall, von der feinsten Zerstäubung bis zur massiven Ballung, Gold in Strahlen, als Fassung der Wolkenränder, als letzte Verklärung vor brandigem Niedergang. Ein großes Thema: Glanz und Erlöschen der Materie.[72]

IM NORDEN

Jünger wuchs in der norddeutschen Heidelandschaft auf, und so gehörten die nordischen Sagas schon früh zu seiner Lektüre. Den Norden als Landschaft lernte er jedoch erst später kennen, nämlich während einer ausgedehnten Norwegenreise, die er 1935 unternahm. Erst spät führte ihn eine ornithologische Reise auch nach Island. Verglichen mit dem Mittelmeer, spielte der Norden in Jüngers Reise-Vita also eine eher untergeordnete Rolle. Doch die Texte, die den Nordreisen entsprangen, stehen den mediterranen Stücken in nichts nach. Sie sind als Komplementärprosa zu begreifen. Auch in ihnen kommen kathartische Momente zum Ausdruck, doch Jüngers Aufmerksamkeit gilt hier stärker der Rolle des Gesteins und der Flechten, die die nordische Landschaft beherrschen. Denn Steine und Flechten sind für Jünger nichts Totes, auch sie atmen und leben und teilen dem Menschen etwas über sein Wesen mit. Doch vor allem bilden sie phantastische Arabesken, die an Edgar Allen Poe erinnern. Daher ist es kein Wunder, dass Jüngers Norwegen-Tagebuch »Myrdun« von seinem Freund und Autor des Romans »Die andere Seite«, Alfred Kubin, kongenial illustriert wurde. Jünger bewegte sich hier durch Traumlandschaften, die seiner Faszination für das Entrückte und Beängstigende, für das Surreale und Verstörende entsprachen. Zugleich sind diese nordischen Fantasielandschaften wahre Rückzugsorte. Sie ermöglichen verborgenes Leben inmitten der größten Kargheit.

Heute abend kamen wir von Amsterdam zurück. Die Fahrt durch Weide- und Gartenland erinnerte mich an Flandern – Rubens und de Coster[1] lagen in der Luft. Schwarzweiße Möven auf den Wiesen, Treibhäuser und Windmühlen, die Kanäle mit den Hausbooten. Den Haag, Leiden, Haarlem; die Felder schon gepflügt, die Gärten umgegraben bis auf einzelne Farbflecke.[2]

~

Da die Wolken wie Schafe einer weidenden Herde verstreut waren, sah ich zum ersten Mal den Kanal von oben mit den Schiffen, die ihre Schaumstreifen hinter sich herzogen. Dann über die lückenlos verbaute Küste des Festlands und seinen in grüne und braune Rechtecke aufgeteilten Grund. Dazwischen das helle Aderngeflecht der Straßen; zuweilen blitzt in sehr großer Entfernung eine Fensterscheibe auf. Tief unten, doch noch über den Wolken, ein Silberpfeil. Im Abstieg differenzieren sich die Farben: das Braun teilt sich auf in das Gold der Korn- und das Blau der Kohlfelder.[3]

~

Während Berge, Wälder und Moore vorüberglitten, wurde gegessen, geschlafen, geplaudert, gelesen und aus dem Fenster geblickt. Die Bäume werden allmählich kleiner; die Schneegrenze kommt tiefer herab. Die Wälder wandeln sich zur Taiga, zu dichten Beständen von Birken-, Pappel- und Weidenarten, die auf moorigem, von Beerensträuchern überwuchertem Grund stehen. Aus einiger Höhe gesehen scheint es, als hätte die Erde sich mit einem moosigen Gürtel geschmückt.

Farbflecke, die oft zu Bändern verschmelzen, wechseln ab – bald ein wattiges, gelbliches Weiß, bald ein helles, zu Rosa neigendes, doch glühendes Rot. Sie begleiten die Wald- und Wiesenränder, die Bäche und Bahndämme. Weiß ist die Wiesenkönigin, das Mädesüß oder Elchkraut, das bis zum Nordkap gedeiht. Der betäubende Duft dringt durch die Fenster; er gehört zum nordischen Hochsommertag ebenso wie der Silberglanz der Staude zur hellen Mitternacht. Die Blüte wurde berauschenden Getränken zugesetzt daher der alte Name »Metkraut«, der sich zu »Mädesüß« gewandelt hat. Nach einer anderen Deutung würde er sich von »Wiesensüß« ableiten, und dafür würde das englische *meadow-sweet* sprechen.

Die roten Bänder und Inseln, oft ganze Glutfelder, sind durch das Weidenröschen bestellt, das mit Recht in manchen Landschaften »Feuerkraut« heißt. Auch diese Blume hält sich als Schmuck des Nordens bis über den Polarkreis hinaus. Schon trägt sie an Südhängen Silberschöpfe: die Samenkapseln sprangen auf. Nicht nach den Weidegründen, die sie besiedelt, soll die Pflanze benannt sein, sondern nach ihren schmalen, an die Weide erinnernden Laubblättern. Das würde den Namen bestätigen, den ich in Frankreich hörte: *osier fleuri* – das ist »blühender Weidenbaum«. Indessen blitzt in solchen Namen mehr als nur die Wortgeschichte auf.

Wenn wir Tage um Tage durch ein Land fahren, vereinfacht sich der Wechsel der Farben und Formen zu einem Band von

Impressionen; die Wiederkehr dieser zartgelben Spiräe[4] und des feurigen Epilobiums[5] gehört dazu. Ist ein Bild »genau getroffen«, muß es der Wiederkehr standhalten.

Die bunten Flecken, auch die der Häuser, beleben; Braun, Grau und Grün bleiben die Grundtöne. Meist führt der Weg an Flüssen und Seen entlang, immer ist er von Gebirgen umstellt, von vereisten Zacken und Zinnen und gewaltigen Felshäuptern. Hochmoore bedecken massive Rücken oder Folgen von Kuppen, in denen das Volk gern die Siebenzahl erblickt. Der Granit bezeugt eine Urkraft auch darin, daß sich der Bewuchs schwer auf ihm hält. Eher als verwitterte zeigt er geschliffene Fronten, kahle Wölbungen, die aus den Wäldern und Mooren hervorblinken: Teufels Hirnschale.[6]

Am Bug. Die aufgeworfene Welle wird von einer Luftmasse durchperlt, die weißer Schaum krönt. Darunter leuchtet das Wasser lichtgrün, im Gegensatz zur Meeresoberfläche, die stumpf kobaltblau glänzt. Die Luft wirkt also auf das Wasser wie eine Lösung und zieht die verborgenen Töne heraus.

Die Welle als Motiv. In ihr verschwinden die Unterschiede zwischen gegenständlichen und gegenstandslosen Visionen, zwischen Kraft und Form, Bewegung und Materie. Nolde hat das gesehen. Man kann sie auch abstrakt auffassen, wie Hokusai.[7]

~

Das Meer zeigte heute ein Blau, wie ich es, außer im Meskalinrausch, nie erblickte – glatt und geschmeidig fuhr die Woge zu Grunde; die Kraft ging nicht von der Bewegung, sondern von der Farbe aus. Allerdings war es gleich nach dem Erwachen, als ich noch halb im Traum an das Kabinenfenster trat. Da greift die Wahrnehmung über Skala und Palette hinaus. Dabei fällt mir ein, daß ich auch nach der Sauna die Farben intensiver aufnehme.[8]

~

Am Abend breite Wogen, auf denen der Wind spielte. Er zeichnete eine feine Rippung ein, die sich durch andere Strömungen zu einem wabenförmigen Muster änderte. Die alte Spur war noch erhalten, während sich ihr die neue aufprägte. Ein Zauber; Seeleute verfallen, ohne es zu wissen, unentrinnbar diesem Spiel.

Das Gegenstandslose kann durch immer größere Auflösung der Formen über Impressionismus und Pointillismus hinweg erreicht werden. Der Gegenstand wird vernichtet; andererseits kann er im Keim oder im Plasma erkannt werden, bevor er geboren ist. Das ist die stärkere Form.[9]

~

Das Unwetter beruhigte sich endlich auf fast zauberhafte Art, sobald wir den Inselgürtel durchbrochen hatten und an der ausgedehnten Küste entlangglitten, der er vorgelagert ist. Hier werden die Gewässer wie durch ein zusammenhängendes Riff gegen den schweren Seegang des Ozeans geschützt. Nachdem wir in Stavanger ein Stündchen gerastet hatten, machte es mir viel Vergnügen, am Bug des Schiffes zu stehen und die blitzende Wasserstraße zu betrachten, die sich bald zwischen den Klippen wie zwischen den Pfeilern von Eingangstoren zusammenschnürte, bald wieder mächtig an Ausdehnung gewann. Der Anblick erweckte ein starkes Raumgefühl, und sicher begünstigten die Vorgebirge diesen Eindruck noch, denn sie dehnten sich wie eine Kette von Vorhängen bis an die Grenzen der Sicht. Obwohl sie sich Tor um Tor öffneten und wieder im Nebel versanken, war doch kein Ende dieses immer tieferen Eindringens abzusehen. Aber nicht nur Fels und Meer wetteiferten, das Traumbild einer endlosen Bahn hervorzurufen, sondern auch die Wolken schlossen sich ihrer Gliederung an. Sie waren als eine regelmäßige Folge von weißen Bänken um die Gipfel geballt und wiederholten die Bildung der Küsten mit ihren Vorsprüngen und Buchten im luftigen Raum.

Auch schien es mir, als ob die Fahrt in steigendem Maße magnetischen Sinn gewönne, den ein Gefühl der Erwartung begleitete. Es ließe sich aber schwer sagen, was denn das Auge hinter diesen immer neuen Vorsprüngen zu sehen erhoffte – denn vielleicht wirkt hier nur die gewaltige Anziehung, durch welche das Nichts oder die Leere das Herz unterwirft.

Die Formen gleichen einer in immer deutlicherer Wiederholung vorgespielten Melodie, doch mit der Ordnung des Sichtbaren steigert sich die Fremdartigkeit. Man könnte sich vorstellen, daß mit der Entfernung die Kälte und Regelmäßigkeit der Bildungen anwüchse vom kristallinischen Urgestein zum reinen Kristall der Gletscher und Eisberge und von dort zu den Kugelformen der Sternenwelt.[10]

~

Neue Möven begleiten nun das Schiff. Wie leicht und mühelos sie die Fahrt halten, auf lange Strecken fast ohne Flügelschlag. Die Elemente formten dieses Wesen auf eine Weise, die den Eindruck eines mechanischen Spielzeugs erweckt. An seiner Bildung haben in Millionen Jahren Woge und Sturm ihre Kräfte erprobt. Man möchte meinen, es wäre im Windkanal auf eine Art zurechtgeschliffen, die ihm nichts Eigenes mehr ließ, doch blieb ihm alles, was den Vogel auszeichnet.

Der Mangel an Individualität, den wir zugleich als Mangel an Geistigkeit empfinden, muß Morgenstern zu dem Vers veranlaßt haben, die Möven sähen alle aus, als ob sie Emma hießen[11] – der Treffer ist so gut, daß er sich kaum begründen läßt. Andererseits erhöht sich durch die Reduktion das Unbestimmte und Geisterhafte der Erscheinung, die Leitfähigkeit für das Undefinierbare. Der Schrei geht ans Zwerchfell; er ist wissend und ansagend. Er gehört zum Norden, zu den Klippen und einsamen Strandstücken, zum verhangenen Meer. Er klingt bald unheilvoll, bald trächtig, als ob Vorhänge zerrissen; er wird auf sinkenden Schiffen und von Ertrinkenden gehört.[12]

Am Abend lichteten wir die Anker und fuhren am Krossfjord entlang. [...] Das Ufer war gebirgig, der Fels von Gletschern gesäumt. Ihr Eis war von dunklen Moränen durchzogen und endete in den blanken Abbrüchen. Davor im Meer die Eisberge. Dann eine Vogelklippe, mit goldbraunen Flechten gesprenkelt, in den Schrunden mit dichtem, saftigem Bewuchs. Vielleicht trägt der Guano dazu bei.

Die Vögel erschienen zunächst wie Schimmel, der den Fels bedeckte; mit dem Glas erkannten wir Bänder von Eismöven und dazwischen helle Streifen: die Brüste der Lummen,[13] deren Schultern sich nicht vom Granit abhoben. Der Maschinist ließ die Sirene heulen, und die Legionen stöberten wie Schneeflocken empor. [...]

Wir fuhren dann weiter in den Fjord, an Eisbergen entlang. Einer der Kolosse barg eine Grotte, in der Möven wie in einer Kathedrale schwebten, andere schienen von Gängen durchzogen und unterhöhlt. Das Wasser war dicht mit Eisstücken bedeckt, zwischen denen größere Blöcke leuchteten. Das Ganze machte den Eindruck, als ob es vor dem Gefrieren stünde; es war auf die weiß-grün-blaue Skala der kältesten Farben gestimmt. Dazu die Stille, die zuweilen der Schrei eines Vogels betonte – der Geist geht in sich, es wird feierlich.[14]

~

Nachts in einer Lagune; flaches Wasser stand über steinigem Grund. Unter den Fischen, die dort spielten, gefiel mir vor allem einer in der Größe eines stattlichen Karpfens; er war aus Bergkristall geschnitten und vom Kopf bis zum Schwanz blauschwarz punktiert.[15]

~

Am Strande gelbes Labkraut und Thymian. Das von der Brandung oval geschliffene Geröll, das sich an allen Meeren findet, besteht hier aus Lavagestein. Es ist schwarz, schwer und von blasigen Poren durchsetzt. Ich suchte ein enteneigroßes Stück für meine Sammlung aus.[16]

~

Ebbe und Flut. Wenn wir ausatmen, schlafen, träumen, wird der Gezeitengürtel sichtbar, mit seinem Seetang und den Muscheln, Sternen, Meeresfrüchten zwischen buntem Geröll. Dann kommt der Geist gleich einem schnellen weißen Vogel mit roten Füßen und pickt die Beute auf.

Die Sehnsucht nach dem Tode kann wild, wollüstig werden wie die nach Kühlung am Strande der lichtgrünen See.[17]

~

Zum Stützpunkt haben wir ein Inselchen erwählt, den Eidsholm, dem wir schwimmend oder im Boote zustreben. Wie fast alle diese Eilande gleicht er einem dunklen Strauß von Moosen, Sträuchern und Gehölz, der sich auf einem Sockel aus geschliffenem Granit erhebt. Er ist nur von einigen Reihern bewohnt, die ihren Horst in die niedrigen Kiefern gebaut haben. Wenn wir landen, müssen wir uns vorsichtig nähern, denn sie empfangen den Fremdling zwar nicht wie die stymphalischen Vögel[18] mit Pfeilen, wohl aber bekalken sie ihn mit einem wohlgezielten, beizenden Guß. Oft sehe ich sie im seichten Wasser fischen, wobei sie lange und bedächtig den Grund beobachten, ehe sie ihren behenden Stoß ausführen. In ihrem aschgrau und schwarz gezeichneten Gefieder und der heraldischen Haltung bieten sie ein Bild vornehmer Melancholie. Der Schrei ist heiser und klagend, er wird zuweilen von der sanfteren, schmelzenden Klage des Brachvogels sekundiert. Auch die runden Granitklippen, die den Holm umringen, sind von Möven, Alken und anderen Seevögeln belebt.[19]

~

Des Morgens sind wir immer eifrig beim Netz, und ich will Dir den anderen Teil unserer Fänge nachtragen. Da der erste der Sättigung gewidmet war, fügt dieser zweite, wie billig, die

Schauergerichte hinzu. Zu ihnen gehört der Lippfisch, ein alter Bekannter, den ich schon auf Mallorca und Sizilien zwischen den Klippen angelte. Hier füllt er uns, wenn wir zu nah am Felsen fischen, das Netz zum Überdruß. Die gewöhnliche Sorte ist grün marmoriert mit glasgrünem Bauch, eine andere, seltenere, von rosa Granitfarbe. Besonders schön wirken beide, wenn man sie nebeneinander legt. Einmal aber ging uns ein Männchen im Hochzeitsstaat ins Garn, dessen Pracht uns den Atem verschlug und das Celsus[20] als den Fischkönig bezeichnete. Es war ganz wie aus Glasfluß oder feinem Email, am Rücken tief schmetterlingsblau, am Kopf ins Grüne spielend, die Unterseite leuchtend rot. Die Augen waren feuergolden, mit regenbogenfarbigen Ringen umlegt; die Flossen wie mit rotem Glaspulver bestreut und nach Art der Pfauenfedern gesäumt. Nachdem wir unsere Augen an diesem Zauberfisch gelabt hatten, setzten wir ihn wieder in die See. Die Hochzeitsfarben dieser Tiere sind immer exquisit, und glücklich darf sich preisen, wer den so geschmückten Bräutigam die Braut umspielen sieht. Auch kommt in ihrem Hochzeitsspiel, in ihrem »Wallen«, fast wie im Duft der Blütenpflanzen die bunte Tiefe des Liebestraumes und seine magnetisch strahlende Zauberkraft sehr schön zur Anschauung, und nicht umsonst verschwendet die Natur hier ihre Diamantfarben.[21]

~

Wenn wir über Mittag ausbleiben, erquicken wir uns in einer Bucht des überall einsamen Strandes durch ein Bad. Du kennst mich als Liebhaber der Meeresgründe, und hier habe ich neue Einblicke getan. So sprießt gleich vor unserem Bootshause ein kleines Salzkraut mit violetten Blüten, das die Steinfugen wie bunter Mörtel füllt. Bei steigender Flut wandelt sich der Strand in einen submarinen Alpengarten um, über dem die Fische spielen und in dessen Gewächsen die Luft in silbernen Perlen hängt. Eine besonders schöne Stelle habe ich bei Reista entdeckt, wo der Grund durch eine mächtige geschliffene Granatbank gebildet wird. Auf ihrer glatten, fugenlosen Fläche haben sich Scharen von Seepocken und dazwischen große Patellen[22] angesiedelt, alle mit blendend weißen, strahlig gemusterten Kalkpanzern. Dort schwimmt man wie über eine Milchstraße von Sonnen und Sternen dahin.

Deutlicher als an anderen Ozeanen erfuhr ich hier, wie das Naturspiel uns im Anblick einbezieht. So sahen wir in einem der engen Felsenkessel des Roedven-Fjordes einen Makrelenschwarm aufblitzen, dem jagende Tümmler nachfolgten. Hier und dort tauchten die großen schwarzen Tiere aus der Tiefe auf, während ihr blasender Atem weithin in der Stille zu hören war. Es ist seltsam, wie solche Erscheinungen unser Sein erschüttern – wir werden zu einem Teil der Einsamkeit, die sie umgibt.[23]

~

Da nur selten geschlachtet wird, ist der Fisch ein ständiger Küchengast. Das unbestrittene Prunkstück der Tafel stellt der leuchtend rote, geräucherte Lachs, der auf einer großen Holzplatte liegt. Das Fleisch soll zart, fett und nicht zu salzig sein, daher unterzieht man den Fisch nur einer kurzen und milden Räucherung über schwelender Birkenrinde und Wacholderlaub. Der Magister und ich begleiten des Abends zuweilen, um uns am Anblick dieser herrlichen Tiere zu ergötzen, einen benachbarten Bauern zu einer Lachsfalle. Ein gewaltiges Netz wird vor Felsnasen gesetzt, die der Fisch auf seinem Zug passiert. Es birgt gleich den tonnaren eine innere Kammer, eine cammera di morte, in der die gefangenen Lachse stehen. Wenn man das Garn zu hissen beginnt, kündet eine wallende und bald schäumende Bewegung die Beute an. Dann erscheint in seiner tödlichen Umschnürung der große Fisch, ein wahres Wunderwerk mit seegrünem Rücken und altsilbernen Flanken, die an der Unterseite in die Farbe des frisch ausgegossenen Metalles übergehen. Sowie er das ungewohnte Element verspürt, schnellt er sich wie ein Silberbarren, und rasch schlägt ihn der Bootshaken an, so daß ein schimmernd roter Riß aus dem Schuppenkleid hervorleuchtet. Schwer fällt er auf die Bootsplanken auf und poltert noch etliche Zeit mit langsam erlöschenden Zuckungen zwischen den Ruderbänken umher. Das ist für die Ohren des Fischers ein wonniges Geräusch.[24]

~

Die Säther liegen an schmalen, gewundenen Pfaden, die vom Saum der großen Wälder in das Innere führen und deren Sumpfgrund von den Herden tief ausgetreten ist. An den Rändern dieser Wechsel, auf denen große Bremsen mit grünen Augen schwärmen und die eine behagliche Witterung erfüllt, blühen bunte Blumen – hohe Stauden des gefleckten Fingerhutes, den man hier die Fuchsglocke nennt, das Wollgras, die Sumpfheidelbeere und ein hell violettes, fast weißes Knabenkraut, das bei Einbruch der Dunkelheit grell aufleuchtet. Noch vor der Dämmerung hörst Du dann das Klirren von Eimern und zärtlich-melodische Lockrufe, vor allem den Namen der Glockenkuh. Diesem Leittier, oder dem Klange seiner Glocke, folgt die Herde, die tagssüber durch die moos- und beerenreichen Wälder zieht. Übrigens sollen die Kühe ein genaues Gefühl dafür besitzen, welche von ihnen zur Gebieterin geboren ist; man kann daher die Glocke nicht einem beliebigen Tier verleihen, sonst würde die Herde sich zerstreuen. Zur Anlockung dient ferner ein schmackhafter Brei, der aus Hafermehl, Hering und Salz bereitet wird und den die Kühe begierig vom hölzernen Löffel abschlecken. Dieses Rufen und Läuten und dann die Annäherung der großen Tiere durch die sumpfigen Täler und ihr Rauschen im Wacholder und Haselgebüsch trägt alle Kennzeichen des zauberischen Vorgangs, und es wird Dir dabei ganz beklommen zumut.[25]

~

Der Wald war dicht und buschig, und ungehegte Bestände junger Eichen dehnten sich in immer neuen Vorhängen bis an die Grenzen der Sicht, bis dorthin, wo die weißen Zacken und Gipfel des Hochgebirges die blauen Berge ablösten. Zuweilen waren Gruppen älterer Bäume eingeschoben, von denen Spechte, die am morschen Holze pickten, abflogen.[26]

~

Die Bäume, meist Eichen, waren dicht mit Lebermoos bewachsen, auch hingen von ihren Zweigen Flechten in langen silbergrünen Bärten dicht herab; sie gaben dem Walde

etwas Weiches und Webendes. Im Wintersonnenlicht flogen die Spechte und die behenden Kleiber von Stamm zu Stamm, und krächzend strich der Eichelhäher ab. Er belebte den Wald in seiner kaukasischen Spielart, die sich durch den schwarzen Kamm des Scheitels auszeichnet. Doch fühlte ich wieder, wie der Zeitgeist alles Schöne in uns zu löschen sucht; wir nehmen es wie durch Gitter, wie aus Gefängnisfenstern wahr.[27]

~

Der schmale Pfad führte zwischen riesenhaften Nadelhölzern und bemoosten Felsblöcken empor. Ein Bächlein rieselte unter blasig gefrorenen Eisglocken auf ihm dahin. Rechts, zwischen bleichen Geröllhalden vielfach geädert, die Teberda und dann der Amanaus, der sich aus den Gletschern speist. War heiter, in einer Art von Höhenrausch.[28]

~

Noch bevor wir aus dem Walde heraustraten, kündeten die weißen Büsche des Wollgrases das Hochmoor an. Dieses Kraut, das die Stellen bevorzugt, an denen die schwarze Torfkrume zutage tritt, ist hier unter dem schönen Namen Myrdun oder Moordaune bekannt, und die Blütenstände gelten als winzige Rocken, von denen die Elfen abspinnen. Sie weben Gewänder für die Erlenfürsten aus ihrem Stoff. Überhaupt hegt der Norweger eine große Liebe zum Moor – so sehr, daß er sogar das Meer in der dichterischen Sprache das Blaumoor nennt. Vielleicht ist diese Landschaft auch für sein Leben die bezeichnende – für ein Leben in kärglicher Fülle und für die Wirtschaft am Rande der Einöde. Erst hier oben tritt die wahre Ausdehnung dieses Streifens hervor; man kann tagelang in ihm wandern, ohne daß man einen Menschen trifft. Die Farben sind von zarter Eintönigkeit, die vielleicht noch kein Maler entdeckte, ein ineinander gewebtes Grün und Grau, ausstrahlend in moosgelbe und silberne Schattierungen. Zuweilen steht das Wasser offen an, dann treten breite, braunschwarze Bänke wie Schwämme aus den grünen Polstern hervor. Auch sieht man vereinzelte Bäume, die auf diese Weise durch Überflutung der Wurzeln ertrunken sind, worauf die Wetter sie bis in die feinsten Äste entrindeten und als leuchtende Gerippe, an denen die Spechte klopfen, zurückließen. Diese Region ist von einer verborgenen Schönheit erfüllt, die das Herz zugleich betrübt und heiter stimmt, und vieles in den Sagas wird sich dem entziehen, der dies nicht kennt. Auch hat das Moor oft etwas Gläsernes, wie von einem zweiten, geheimen Leben, das unter Tage besteht.[29]

~

Heidelbeersträucher besiedelten den Boden, auf dem sich hier und da ein hinfälliger Birkenpilz fristete. Dazwischen leuchteten, spannenhoch, die jasminartigen Blüten des Schwedischen Hartriegels, den wir nur aus den Büchern kannten, obwohl er spärliche Vorposten in die norddeutsche Ebene schickt. Die Krone umschließt als Silberiris eine Pupille kohlschwarzer Staubfäden. Das schöne Wesen gab uns wieder ein Beispiel dafür, daß jede Gattung sich überraschend entfalten kann. Sein nächster Verwandter, die Kornelkirsche unserer Wälder, wächst zwar viel höher, doch blüht sie unscheinbar.[30]

~

Weiter durch die Einöde. Hin und wieder eine Multbeerpflanze, auf sumpfigem Grund die Moordaune, seidig, blendend weiß. Auch der Hahnenfuß gehört zum sehr harten, ausdauernden Bestand. Die Bäche sind in Moospolster gefaßt.[31]

~

Die Bergwälder dort drüben sind weit und fast Urwälder zu nennen, obwohl man Bäume in ihnen fällt. Indessen erkennt man den Urwald eher am toten als am lebenden Holz; es liegt unendlich viel Morsches und Moderndes darin herum. Auch läßt die oberflächliche Nutzung die Gewächse in ungewohnten, freieren Formen hervortreten – so wanderten wir bald durch Bestände von Haselbüschen, deren Schäfte hohe Strahlengewölbe bildeten, bald durch tiefe Erlenbrüche, zwischen deren vom Alter verkrüppelten Stämmen die Bremsen spielten, und dann wieder durch uralte Wacholderdickungen bergan.[32]

~

Ein Flußbett; es mußte in einem nordischen Sommer sein. Die Mulde war fast in ihrer ganzen Breite ausgetrocknet; das Geröll blendete. Davor etwas Dunkles: ein großer Kadaver war an eine Stange gehievt. Ich hielt ihn zunächst für den eines Bären – es war aber ein Pferd, schon stark vertrocknet, mit ausgefleder-ter Decke und geblecktem Gebiß. Zum Glück strich der Wind bergan.

Wozu mochte es dienen? Trieb hier ein Schinder sein Werk? Dann hatte er das Fillen[33] versäumt. Eine Stimme antwortete: »Es ist für den Kuckuck gemacht.« In der Tat hörte ich nun, wie der Vogel oben am Waldrand gaukelte.

Die Vorrichtung war unheimlich: eine Falle, nicht aus technischem, sondern aus magischem Wissen erstellt. Der Kuckuck steckte dahinter; der war mir schon immer suspekt.

Ich kehrte um und ging dem Meere zu.[34]

~

Nachdem wir noch ein wenig gestiegen waren, kündeten einige Leitpflanzen die Nähe der Multebeeren an, so die Zwergbirke mit ihren runden, glänzenden Blättchen und die Rentierflechte, die als blaßgraues Gewebe die Moore überspinnt. Bald kamen wir dann in Gründe, in denen die Beere häufig war. Die Pflanze wurzelt locker im Moospolster und ist kaum mehr als spannenhoch, mit Blättern, die denen des Frauenmantels ähnlich sind. Sie trägt eine einzige Beere von Kirschengröße, die bei vollendetem Wachstum grellrot leuchtet und dann matt orangefarben reift. Sehr schön sind die langen Kelchblätter, welche die grüne Frucht umschließen und sich in der Reife gefällig zurückbiegen. Der Geschmack ist angenehm, aromatisch-gärend und säuerlich. Nachdem wir einige große Nester entdeckt hatten, waren die mitgebrachten Gefäße bald gefüllt. Wir zündeten dann aus totem Wacholder ein Feuerchen an, um Kaffee zu kochen, und sprachen den Vorräten zu, mit denen Frau Celsa[35] mich überreich versorgt hatte.[36]

~

Wenn man die Region der Moose und Flechten erreicht, bis zu der man in diesen Breiten schon nicht mehr allzu hoch zu steigen hat, genießt man einen weiten Überblick. Vor allem tritt der Anteil des Meeres hervor, das sich in verästelten Armen bis tief in das Innere des Landes erstreckt. Das Ganze bietet so das Bild einer Schweizer Landschaft dar, bei der jedoch die tiefen Täler vom Wasser überflutet sind und das Land im Reiche der Matten und Sennhütten beginnt. Der Fjord wirkt auf das Auge bald wie ein See und häufiger wie ein Fluß; aber recht unheimlich erscheint mir dabei, daß ein solcher Fluß Meereskräfte besitzt. Man merkt das beim Baden; zwar ist das Wasser fast süß, aber man wird aus der Tiefe heraus von mächtigen Wirbeln und Wallungen erfaßt. Es gibt hier eine Stelle, an der ein Ausläufer des Stur-Fjordes sich auf eine Breite eines Mühlbachs zusammenschnürt. Hier kann man Ebbe und Flut beobachten wie den spielenden Tastarm eines Ungeheuers, das weit hinter den Bergen liegt.[37]

~

Die Moose und Flechten diesseits der Zeitmauer. Motive für Leonardo – Wasser des Lebens ist durchgesickert von Eden her.[38]

~

Wir botanisierten unterwegs. Vom torfigen Grunde hoben sich die Farben der Blumen in arktischer Reinheit ab. Die Zwergbirke blühte; sie wuchs neben Moosen, Flechten und Sonnentau. Nicht viel höher war die Zwergweide. Dazwischen stand auch der Birkenpilz. Ferner Pinguicola, das Fettkraut, die an das Maiglöckchen erinnernde Pirola und ein gelbes Stiefmütter-

chen, das Bergveilchen, das auch in unseren Alpen wächst. Wir hatten es zum ersten Mal auf dem Nebelhorn[39] gesehen.[40]

~

Wir rasteten an einem Tobel; ich habe den Namen vergessen – unvergeßlich dagegen blieb sein Wasser; es war von nie gesehener Klarheit und schien, wie die Luft, nicht vorhanden zu sein. Der Quell war tief – als wir seiner Nymphe den Obolos spendeten, sahen wir die Münze lange hinabschweben und noch leuchten am Grund.[41]

~

Wo die Gebirgstäler sich weiten, gewinnen wir von diesem Reichtum eine erste Vorstellung. Wenn dort im Sommer die Flüsse spärlicher werden und versiegen, leuchten die Betten als bleiche, steinerne Adern im Licht. Dort ruht der Vorrat, der in den Wirbeln gesiebt und geworfelt worden ist. Wie gewaltig er auch erscheinen möge, er stellt doch nur ein dünnes Häutchen dar. Weithin, wo wir im Vorland graben, stoßen wir auf Schotterbänke, die unter der Krume verborgen sind. Sie bilden ein Gegenstück zu den Kohleflözen: Hier hinterließ das Schmelzwasser des Eises und dort das Feuer mächtiger Sommer seine Spur.[42]

Vom Stula reicht der Blick weit auf das offene Meer, und man sieht die Welt der Fjorde und der grünen Inseln, die sich einsam aus dem blauen Wasser erheben, tief unter sich. Das Bild ist glasig, klar, durchsichtig und fern unserer historischen Welt. Freiheit und Heiterkeit sind der Gewinn, den die Berge uns einbringen. Auch wird mir die Korrespondenz unseres Wesens mit der Welt nirgends deutlicher – es scheint mir immer, daß wir zugleich in unser inneres Massiv eindringen und ansteigend uns in ihm erhöhen. Daß wir litten, wird uns oft erst sichtbar, wenn ein jäher Einbruch der Freude uns ein höheres Bewußtsein leiht. Die Zeit hat ihre Spuren in uns niedergeschlagen wie vieljährigen Schnee, in dem Schutt und Geröll und die Bitterkeit von Kriegen und Bürgerkriegen sich anhäuften. Aber wenn Licht in die Schrunden fällt, gehen die Lawinen zu Tal.[43]

~

In der Tat wohnt den Gebirgszügen eine besondere Unruhe inne wie Bildungen, die noch nicht zum Abschluß gekommen sind. Man möchte glauben, daß ihre Rücken noch triefen vom Wasser der Fluten, aus denen sie emporgestiegen sind. Besonders dort, wo sie sich als ausgestreckte Halbinseln ins Meer senken, ahmen sie mit Vorliebe die Gestalt mächtiger, langhalsiger Echsen nach, deren Flanken vom tiefen Goldgrün der Wälder mit einer weichen, prunkenden Haut bekleidet sind. Wenn man im Boot an ihnen vorüberfährt, ist man versucht, den Atem anzuhalten, denn die Schwerkraft des inneren Gesteins bedrückt wie ein körperlicher Schatten das Herz, und wenig scheint dazu zu gehören, daß eines dieser schlafenden Ungeheuer erwacht.

Vor allem aber fühlt sich der Sinn verwirrt, wenn das Auge die eisigen Gipfel erblickt, die im Inneren der Massive zu alpiner Höhe sich auftürmen. Die Kraft, durch die sie den Raum beherrschen, liegt nicht im Erhabenen, denn dazu fehlt ihnen das Gleichgewicht als eine seiner unerläßlichen Voraussetzungen. Eher gleichen die Riesenzacken den unnahbaren Residenzen, in denen die Nebelfürsten beheimatet sind, und in ihrem Bannkreis übt das Phantasmagorische oder der Zaubertrug seine Macht. Die hohen Brücken und Zinnen, die fahl im Sonnenlichte gleißen und in Unwettern phosphorisch leuchten, bieten das Schauspiel einer Scheinwelt dar, und der Gedanke spielt mit der Möglichkeit, daß sie jäh unter Donner und Blitz in den Abgrund versinkt.

Das Provisorische ließe sich auch dahin ausdeuten, daß das Bewußtsein den Mangel einer gewohnten Dimension erfaßt. Es nimmt an einem Übergange vom Mannigfaltigen zum Eintönigen teil. Die Melodie wird einfacher, aber eindringlicher zugleich, auch ist sie dem Ohr nicht völlig unbekannt. Die ungeheure Halbinsel stößt aus dem bekannten Raum als kühne Projektion in den Polarkreis vor und entwickelt einige wenige Formen zu höchster Anschaulichkeit. Man erinnert sich, gewisse Bildungen bereits gesehen zu haben; das Überraschende liegt darin, daß diese Ausnahmen zur Regel geworden sind.[44]

~

Wir überquerten die Landzunge, um ein Gletschertor zu bewundern, das sich am Gegenufer öffnete. Ich nehme an, daß sich hier Schmelzströme einen hallenförmigen Gang bildeten.

Bewuchs am Ufer: der Polarmohn, sehr genügsam, eine arktische Hainsimse, der Schneehahnenfuß mit gelber Blüte – der Gletscherhahnenfuß blüht dagegen weiß. Endlich eine kohlschwarze Flechte; sie verdüsterte das Gestein, von dem der Gekröse-Gneis zu rühmen ist. In seinen violetten Blöcken winden sich helle Schlingen; er lag gleich titanischen Schmuckstücken auf dem Ödland verstreut.

Zurück zum Schiff. Das Wasser war wie eine Suppe mit kleinen Flügelschnecken angereichert, mit Äsung für den Leviathan.[45]

Hier sah ich das Gletschereis von nahem: der Wechsel von Frost- und Tauwetter hatte auf seine Oberfläche ein fischschuppenartiges Muster graviert. Während wir es betrachteten, brach in der Höhe mit lautem Nachhall ein Eisblock ab. Überhaupt schien dieser Gletscher stark in Bewegung, wie ein Wulst frisch aufgeworfenen Erdreichs an seinem Rande verriet. Das Gebilde wird als »Strauchmoräne« bezeichnet – und wenn ich einem Geologen in seiner Begeisterung folgen sollte, so hatten wir mit diesem Anblick den Höhepunkt der ganzen Reise erreicht. Profane Augen konnten freilich kaum mehr erkennen als, titanisch vergrößert, einen Haufen, wie ihn die Straßenkehrer bei Tauwetter vor sich herschieben.[46]

~

Wenn wir vor der Höhe und Tiefe eines Gebirges erschrecken – wer kennt die Zahl, geschweige denn die Kraft seiner Atome – oder auch vor dem Schweigen im stillen Hause, dann verbirgt sich in diesem Schrecken mehr als präsente Gefahr. Uns bedroht der Entwurf, von dem an Gefahr erst möglich geworden ist.[47]

~

Die Arktis. Wunderbar erscheint nicht nur, daß das Leben Widerstand leistet, sondern daß es eigene Reiche ausbildet. Weit davon entfernt, zu verkümmern, bringt es neue, mächtige Erscheinungen hervor. Das gilt natürlich auch für die Antarktis, dann für die Wüsten – für äußerste Zumutungen überhaupt. Die Kälte und der Druck treiben Kristalle und endlich Diamanten heraus – siehe Keplers Studie über den sechswinkligen Schnee.[48] So die Materie, doch auch das Leben antwortet. Das ist beruhigend in unserer Zeit.[49]

~

Brenngläser aus Eis. Sie können aber kein Eis schmelzen. Wie wäre es mit farbigen Brenngläsern, etwa aus Turmalin? Ein nicht nur physikalisches Problem.[50]

Bei strömendem Regen zum Großen Geysir. Er war aber müde, und es sprang nur ein kleiner in Abständen von einigen Minuten – dieser etwa neun Fuß hoch. Er kochte vor, bildete Schöpfe und fuhr dann auf. Wenn unten das Wasser bei Überdruck siedet, werfen die Gase die Fontäne hoch. Geysir war zunächst der Name dieses speziellen Springbrunnens; er wurde dann generell.

Auch abgesehen davon, daß das große Schauspiel ausblieb, hatte ich wieder einmal den Eindruck, daß die Weltwunder, von denen wir als Kinder gehört haben, in der Erscheinung abfallen. Sie können der Phantasie nicht standhalten.[51]

~

Wir legten dann an dem Vogelberg an, den wir gestern gesehen hatten, und stiegen, während uns das Geschrei zahlloser Krabbentaucher in den Ohren gellte, hinan. Die Schwärme kreisten in verschiedenen Höhen, so daß der Eindruck eines gestaffelten Karussells entstand. Die ruhenden Lummen ließen uns dicht herankommen; sie saßen wie Mönche mit schwarzen Kappen in Reihen auf dem Gestein. Die Kehlen waren geschwollen wie der Bettelsack.[52]

~

Vormittags am Tempelberg entlang, einem mächtigen Tafelgebirge, das durch fast senkrechte Einschnitte zerklüftet ist. Gipsbänder schichten den braunen Karbon. Täler als grüne Zwickel, darauf einige Rentiere.[53]

~

Noch zur Schärenfahrt. Die Klippen ragen mit runden Kuppen aus der See. Sie sind grün überbrandet; die Mythen von Völkern, die an die Entstehung der Welt durch eine auftauchende Schildkröte glauben, werden anschaulich.

Andere Klippen sind wie Elefantenrücken gestreckt. Alle sind schön abgeschliffen; die Woge gleitet über die glatte Haut. Rissig dagegen die Steilwände der Küste, die von den Gletschern unberührt geblieben sind. Die flach ansteigenden Hänge sind von grünen und grauen Flechten gebändert, dazwischen in den Mulden die dunklere Tönung der Hochmoore. Schnee sprenkelt noch im August die Schrunden der Hochtäler.[54]

~

Selbst wenn die Welle bei fast ebenem Spiegel nur leise anfährt, hören wir das feine Scheuern, mit dem sie die Steine wendet und nach sich zieht. Kommt es zur Brandung, so folgt dem Aufschlag ein Rollen und Klirren, als schlügen Kugeln auf den Grund. Bei hartem Seegang prallen schwere Blöcke wie bei einer Kanonade an die Riffe und Felsküsten. Während der Winterstürme wird im großen vorgeschüttet; Einstürze und Abbrüche verändern die Strandlinie.

Das Schauspiel scheint in seinen Aufzügen unerschöpflich, gleichviel ob wir es vom Lande oder von Bord aus betrachten oder ob wir im Fluge den endlosen Brandungssäumen folgen, die vor den Küsten stehen. Der Kiesel, den wir am Strand

aufnehmen, mag aus dem Gipfel eines Berges stammen; seine Äderung können wir wiederfinden, wenn wir die Wand eines Schachtes mit der Grubenlampe anleuchten. Ihn haben große und kleine, doch immer wieder kreisende Bewegungen geschaffen, Strudel und Wirbel, wälzende, rollende, drehende Wendungen.

Immer wieder sucht dieses Kreisen ein Oval zu bilden; finden wir einmal eine vollkommene Kugel, so betrachten wir sie als Ausnahme. Sie muß entstanden sein, wo das Wasser im Rundgang umtreibt, wie in den Gletschermühlen und Felskesseln.[55]

~

Aus dem Meer ragen verschiedene Klippen von phantastischer Gestalt. Eine hat Spitzen wie die Zypressen der Toteninsel, eine andere bildet ein Tor, durch das Möven fliegen, bei einer dritten fällt Licht wie durch Zinnen und Schießscharten.

Hier traf ich alte Bekannte, die ich schon in Norwegen mit dem Magister bewundert hatte – so den Papageientaucher, der unter den Klippen, auf denen wir standen, wie vor einem Bienenstock zu- und abschwärmte. Weiße Weste, schwarze Flügel, der mächtige Schnabel orangerot. Im Flug, von oben schwarz, hält er die Füße wie rote Ruder hinter sich. Die Tiere schweben heran, fangen die Fahrt flatternd ab und verschwinden in den Nestern hinter der Grasnarbe. Sie stehen zu Dutzenden auf dem Fels wie Schildwachen, erinnern überhaupt mit ihrem Gefieder an Soldaten in barocker Montur.[56]

~

Eine Handvoll Kiesel, die, ins Wasser geworfen, am Grund noch sichtbar sind und in ihn eingehen. Das ist nicht mehr dokumentarisch wie das beschriebene Blatt, das sich vielleicht noch einige Zeit erhält. Es bleibt dahinter, darunter, im Verborgenen. Eine Aufgabe wurde verrichtet, der Boden geritzt wie vom Pflüger, gleichviel, was gelungen ist. Textura ist das »Gewebe«; wir ziehen die Fäden am Teppich der Welt. Hier sind wir ebenbürtig; die Unterschiede schwinden: ob Großvater Textor oder Enkel Goethe; sie flechten am gleichen Strick.[57]

~

»In jedem Stein, in jedem Kiesel könnte Goldstaub verborgen sein.«[58]

~

Nachruhm als Verwitterungsform. An der Strandlinie große und kleine Kiesel, dann Sand. In den Regalen verstauben Petrefakten neben Werken von lang abstrahlender Substanz.[59]

~

Warum der Anblick einer Versteinerung – etwa in einer Felswand oder auf der Marmorplatte eines Bankschalters – wie ein Zuspruch über Jahrmillionen mich bewegt? Ist es der Abdruck, die Spur von Lebewesen im Gestein? Nein, mehr noch – es ist der Stein, lebendig bis in die Atome, und dieses Ammonshorn im Anschliff ist das Siegel unter einem Dokument, das ich bewundern, doch nicht lesen kann.[60]

~

Es schien mir nämlich, als ob ich mich in einem Lande befände, in dem der Stein schneller als an anderen Orten verwitterte. Er schien den Angriffen einer Krankheit ausgesetzt, die sich wie ein bunter, fressender Rost auf ihm niederschlug. Die nähere Betrachtung lehrte, daß es sich um Flechten handelte, und zwar von einer Macht und Fülle, die zum Wesen dieser bescheidenen Geschöpfe fast im Widerspruche stand. Sie wiesen nicht nur die stumpfen Töne auf, in denen das Grau sich mannigfach abwandelt, sondern auch die starken und ungebrochenen Farben, wie man sie an Blüten und Schmetterlingsflügeln erblickt. So waren die Blöcke, die das Gestade säumten, mit Flecken gesprenkelt, deren leuchtendes Gelb sich im Sonnenschein zu metallischem Goldglanz steigerte. Diese Flecken waren von kreis- und ringförmiger Gestalt und in einer hieroglyphischen Weise gemustert, die an Siegel und fremde Inschriften erinnerte. Vor allem aber erreicht der Bewuchs in dem unterhalb der Schneegrenze gelegenen Berggürtel seine höchste Farbigkeit und Kraft. Ausgedehnte Wälder waren dort von seinen Gespinsten erwürgt, die in langen silbergrauen Bärten von den toten Bäumen herabhingen. Auch aus den von Bast und Rinde entkleideten Gerippen der Hochmoorbäume zauberte das Flechtenwerk eine zweite Blüte hervor. Die Spuren des Sickerwassers an den Felshängen waren von grünen und gelben Rändern gesäumt, und wenn man sich den grauen Flächen der großen Stein- und Geröllhalden näherte, fand man sie in bunte Lichter aufgeteilt. Jeder Block wies hier seine besondere Tönung auf; man sah die lockeren Farben der Aschenschicht, wie sie sich auf erkaltenden Schlacken bildet, die patinierten Beschläge alter Metalle, die schuppigen Muster der Schlangenhaut und das leuchtende Grün von Glasflüssen, in das silberne Luftbläschen eingeschlossen sind.

Beim Anblick dieser bunten Gewebe drängt sich der Gedanke auf, wie bald auch ein in solchen Einöden errichtetes Schloß ihrer Zerstörung anheimfallen oder eine Inschrift verlöschen würde, und in diesem Sinne sind die Flechten die Symbole einer andern, urtümlich webenden Zeit, welche die Bildungen des bewußten Lebens mit dem Fluche der Verwitterung bedroht. Nicht zum mindesten beruht hierauf das Gefühl der Freiheit, das die Berührung mit einer Landschaft gewährt, die »keine verfallene Schlösser und keine Basalte« besitzt, denn mit jeder Mauer, die er errichtet, baut der Mensch ein Stück der uralten Zwingburgen aus, in denen die List des Weltgeistes ihn gefangen hält.[61]

~

Bei Sonnenuntergang verschwinden die Einzelheiten in der Flugrichtung. Im Rückblick heben sich Meer und Inseln (vermutlich vor der schottischen Küste) scharf wie auf einem Stahlstich voneinander ab. Dahinter der Himmel, feuerrotgolden mit einem türkisgrünen Saum, der allmählich in ein helles Blau übergeht. Zwischen dem Rotgold und dem Türkis ein rein goldener Strich.[62]

~

Rauhnächte, im Schatten von Yggdrasill.[63] Die Bewegung wird lebhafter. Die Vögel wirbeln; nur im Wipfel ruht der Adler, der zwischen seinen Augen den Falken trägt. Das ist sein Sendgraf, sein Späher, sein Satellit. Die Schlange nagt an den Wurzeln; zwischen ihr und dem Adler eilt, um Zwietracht zu stiften, das Eichhörnchen hin und her. Je leerer die Zeit, desto eifriger muß sie gefüllt werden. Vier Hirsche weiden im Gipfel die Knospen ab.

Das Wurmmehl rieselt stärker aus dem uralten Stamm. Der Verzehr kann nicht von der Wurzel, die nach Asgard[64] führt, ausgehen, auch nicht von der Unterwelt. Er kommt aus der dritten, dem Heim der Riesen; sie entsenden die Ameisen.

Die Stimmung ist heiter wie auf den großen Lichtungen, das Gespräch nicht ohne Ironie. Die Esche kann erschüttert werden, doch wird sie nicht untergehen.[65]

IN GÄRTEN

Überall, wo er lebte, pflegte Jünger mit großer Leidenschaft einen Garten. Er pflanzte ein, jätete Unkraut, grub die Erde um. Er legte Hand an. Das Gärtnern hatte für ihn wohl eine kathartische Wirkung. Es brachte ihn in Kontakt mit der Mutter Erde und lehrte ihn jedes Jahr aufs Neue, dass die Natur zur Wiederauferstehung bestimmt ist. Seine Gärten waren auch von Tieren bevölkert, denen er große Aufmerksamkeit schenkte: den Ameisen, Insekten und Vögeln, seinen Katzen und Schildkröten. Jünger war ein melancholischer Mensch, der vor allem nach dem Zweiten Weltkrieg mit großen Gemütsschwankungen zu kämpfen hatte. Sein eigener Garten, aber auch solche, die er auf Reisen (zum Beispiel in Paris oder in Kyoto) besuchte, waren ihm Oasen, die neue Kraft gaben. Im Garten wird aber nicht nur die Vielgestaltigkeit der Natur, sondern auch der Mythos greifbar. Seine Mauern grenzen ihn von der Umgebung ab. In ihm steht die Zeit still. Im Garten kommt der Mensch dem gesteigerten Augenblick näher. Hier bewegt er sich in einem prästabilierten Raum, der der Sehnsucht nach dem Verlorenen, ja nach Heimat, Ausdruck verleiht. Gärten sind Rückzugsorte. Sie setzen sich der Bewegung entgegen – deshalb nannte Jünger eines seiner Tagebücher »Gärten und Straßen«. Geborgenheit und Ausgeliefertheit des Menschen sind so versinnbildlicht.

Die Einsamkeit der Gärten, die wie verzaubert in der Hitze lagen, bot einen freundlicheren Anblick dar. Wenn menschliche Wohnstätten verwüstet werden, nistet sich bald das Grauen darin ein, es geht von ihnen ein Hauch wie von offenen Gräbern aus. Immer beschleicht den Wanderer, der an ihnen vorübergeht, das Gefühl, als ob hier ein Glück vernichtet wäre, das nie wieder blühen wird.

Mutter Erde dagegen triumphiert über unsere Anstrengungen mit fruchtbarer Kraft. Was macht ihr, die zehntausend Samenkörner verstreut, damit vielleicht ein einziges keimen kann, der Mensch und seine kleine Zerstörung aus? Hier ist ein Birnbaum im Schafte getroffen und abgesplittert, aber aus dem Stumpf schießt ein Strahlenbüschel junger Triebe aus. Das dürre Reisig der Krone ist von Winden umrankt und mit einem Diadem weißer Kelche geschmückt. Mitten in die Gemüsebeete ist ein tiefer Trichter gerissen; er ist halb mit Wasser gefüllt, in dem sich das Leben schon wieder als grünlicher Algenbezug und als ein Heer von springenden Mückenlarven angesiedelt hat. Und dort, wo die feste Gartenerde noch erhalten ist, sind die Pflanzen der Wildnis eingedrungen und führen einen erbitterten Kampf um Raum und Licht. Die Distel, deren Blätter wie aus Metall getrieben sind, der fette Löwenzahn und die Wucherblume, sie strotzen vor Kraft und haben die zarten Gewächse des Gartens schon bis auf wenige abgewürgt. Hier und da steht noch eine Kohlpflanze; sie hat ihre alte Form wiedergefunden und treibt einen mächtigen Sproß in die Höhe empor. Ein Rosenstrauch drängt sich aus mannshohem Kraut; die Anstrengung, sich dem Geflecht zu entwinden, erfüllt ihn so, daß er nur wenige, spärlich beblätterte Blüten treibt. Auch er, der sorglos und gepflegt an seinem Platze stand, sieht sich plötzlich am Leben bedroht. Wohl ihm, daß er über der Kunst, Blüten hervorzubringen, seine ursprüngliche Kraft nicht vergessen hat. Blüten wird er noch oftmals ansetzen, aber wenn er sich in einer Zeit wie in dieser erdrücken läßt, ist es für immer vorbei.

So sah ich überall die Pflanze Besitz nehmen. Sie hing in die alten Trichter hinein; Kamille, Johannisbeere und Goldlack hatten sich auf die Mauerreste geflüchtet, die Schutthaufen waren von Brennesseln erstürmt und die Steinplatten der Gartenwege unter goldbraunen Moospolstern versunken. Und ich dachte mir, daß, wenn diese Wut, zu leben und zu wachsen, für unsere Ohren vernehmbar wäre, sich hier ein Getöse erheben würde, das auch die größte Schlacht der Menschen übertönen müßte.[1]

~

Auch in der Stadt, ja gerade in ihr, fühlte ich täglich das Bedürfnis, Blumen zu sehen, nicht nur in den Schaufenstern, sondern auch in der Natur. Das war nicht schwierig; in jedem Viertel, in das wir umzogen, konnte ich bald einen Wechsel ausmachen. Er führte im Osten über die Stralauer Brücke durch den Treptower Park, im Westen über die Hofjägerallee durch den Tiergarten bis zum Großen Stern. Das Denkmal, das dort stand, ist mir aus der Erinnerung entschwunden, die uralte Eiche nicht. Von dort aus gab es Schleifen zum Bellevuepark, zu den Zelten,

zum Rosen- und zum Kleinen Tiergarten. Nachmittags führte eine kurze Fahrt zu den märkischen Wäldern und Seen.

Besonders schön war es in Steglitz; wir wohnten dort dicht neben dem Botanischen Garten, in dem man vormittags außer den Gärtnern nur einige Pensionäre traf. Eine Jahreskarte erschloß mir, wann immer es mir beliebte, diese Miniaturwelt mit ihren Gebirgen, Seen, Sümpfen, Dickichten und Hainen, den bunten Rabatten und Medaillons. Es gab eine pontische Steppe, einen Kaukasus, einen Himalaya. In die Subtropen, Wüsten und Tropen führte der Rundgang durch eine Kette von Treibhäusern, als besäße man die Siebenmeilenstiefel des liebenswerten Chamisso, der vor hundert Jahren in diesem damals noch in Schöneberg gelegenen Garten Kustos gewesen war.[2] Noch konnte ich im Herbarium von ihm beschriebene Bogen in die Hand nehmen. Auch Schweinfurth[3] hatte hier gern geweilt; er ruhte zwischen den fremden Bäumen von seinen Reisen aus. Ein guter Platz für einen Botaniker.

Gemächlich konnte man sich in dieser Oase den Gedanken hingeben, auch hin und wieder vor einem Baum oder einem Beete Rast machen. Da vor jedem Gewächs ein Schildchen im Boden steckte, das seine Art und seine Heimat verriet, prägte sich dabei mühelos eine Fülle von Namen ein. Es blieb nicht aus, daß manche Erscheinung den Geist besonders beschäftigte. Ihr konnte man in der Schausammlung oder im Lesesaal des Museums weiter nachspüren. Hier standen der Engler,[4] der Große Hegi,[5] Zeitschriften, Werke der lebenden Botaniker und ihrer Vorgänger, hier wurde auch das Herbarium Jean Jacques Rousseaus verwaltet, das inzwischen den Bomben zum Opfer gefallen ist.

Zu allen Tageszeiten, auch im Winter, war es dort angenehm. Vorm Essen blieb noch eine halbe Stunde für einen Gang an den Amazonas; vielleicht war dort über Nacht die Victoria regia[6] oder die Aristolochia gigas[7] erblüht. Von den Seychellen hatte eine Schiffsbesatzung die riesige Doppelkokosnuß mitgebracht, die, bevor man ihre Heimat kannte, als Meerwunder galt. Den Gärtnern war es gelungen, sie in einer Rutkammer zum Keimen zu bringen, und ich mußte täglich den Kopf ein wenig höher heben, um das Wachstum des Spießes zu verfolgen, der grüne Fahnen abzweigte. Da war noch Sicherheit.

Überhaupt war das stille, liebevolle Wirken der Gärtner wohltuend. Der Besucher sah mehr den Erfolg als die Mühe, denn notwendig geschah der Großteil der Arbeit zu Zeiten, in denen der Garten geschlossen war, oder in den Glashäusern, in denen gepflanzt und pikiert wurde. Bevor eine Orchidee oder gar eine neue Hybride die Augen erfreute, mußten alchimistische Operationen gelungen sein. Verborgen blieb auch die Arbeit der Gelehrten; zuweilen sah man sie wie Weißkittel-Lamas auf dem Weg vom Museum zu den Treibhäusern. Das alles brauchte den Besucher nicht zu kümmern, dem das reine Behagen vorbehalten war. Die freie Gabe gehört zum Inbegriff der Gärten: Das Beste geben die Götter uns umsonst.[8]

~

Seit nunmehr sechsunddreißg Jahren beobachte ich nach dem Aufstehen die Umfassung des Treibbeetes im Garten und schätze an ihr die Schneehöhe. Heut morgen war nicht nur zum ersten Mal der Pegel, sondern das ganze Beet unsichtbar geworden – weiß überdeckt. Trotzdem wird mein geheimer Wunsch, einmal völlig einzuschneien, hier kaum erfüllt werden.[9]

~

Immer noch hoher Schnee. Während ich die Post las, flog der Buntspecht ans Fenster und pickte die Sonnenblumenkerne auf. Dryobates major: der Baumklopfer, unser häufigster Specht. Ein Männchen, da er das rote Genickband trägt. Ich holte die Tafel aus der »Mitteleuropäischen Vogelwelt« von Heinroth aus der Bibliothek.[10] Als ich zurückkam, war der Gast verschwunden, doch wie ich von der Tafel aufblickte, pickte er wieder an seinem Ort. Merkwürdig dabei war, daß ich ihn für das Nachbild hielt, das sich auf meiner Netzhaut abzeichnete. In der Tat deckten beide sich genau. Das war verblüffend: eine realisierte Idee.[11]

~

Im Garten. Das Eis im Fischbecken ist über Nacht so dick geworden, daß es schwer aufzuhauen war. Neben dem Lauch steht nur der Braunkohl noch in den Beeten, das krause Laub rund um die hohen Stiele geschlossen, vom Schnee bestäubt. Bärenfellmützen der alten Garde vor der Beresina.[12]

~

Seit Tagen liegt Schnee bei mäßigem Frost. Die Bauern haben die Obstbäume ausgeputzt. Ich nahm einen Pflaumenzweig und stellte ihn in einen Krug. Nun trägt er weiße Blüten am kahlen Holz. Reichtum in sparsamster Darstellung.[13]

Im Garten – zwar im Mantel, doch die Februarsonne tut gut. Sie hat seit zwei Tagen den Nebel abgelöst. Über den Beeten spielte ein Mückenschwarm. Die Tierchen bewegten sich in der Lotrechten, flogen auf und ab.[14]

~

Morgens im Garten – ein heiterer Vorfrühlingstag. Der Winterling blüht rings um die Laube und unter der Blutbuche; der Winterjasmin ist verblüht. Der Krokus steckt noch kaum die ersten Spitzen heraus. Auf dem Weiher zwei Schwäne, Bläßhühner und viele Enten, im Lebensbaum picken die Grünfinken.[15]

~

Das kühle und unfreundliche Frühjahr setzt sich bis in diese Tage fort. Ich pflanze jetzt erst Tomaten; das bleibt bei uns »hart am Südfuß der Rauhen Alb« immer ein Risiko. Doch es geht nichts über einen »Liebesapfel«, der am Abend, noch sonnenwarm, im Garten gepflückt und genossen wird. Seit einigen Jahren ziehe ich die Pflanze auf zwei Triebe, da die obersten Früchte bestimmt nicht ausreifen. Noch gewisser ist der

Vorteil bei den Buschtomaten, die sich reich verzweigen; sie sind viel kleiner, dafür süß und werden deshalb auch Zuckertomaten genannt.

Die besten Tomaten, deren ich mich entsinne, waren die dattelförmigen in Damicos Albergo auf San Pietro, die der Gang nach dem Bade durch die Mittagsglut und das Behagen des Wirtes würzten; der Wein trug dazu bei.

Bei solchem Genuß pflegt man zu erfahren, was eine Frucht, von der man bislang kaum mehr als den Namen kannte, zu bieten hat. Das gilt für jede, von der Rübe und der Kartoffel bis zu den exquisiten wie der Melone – schön wäre es, wenn uns über sie einmal ein Kenner, möglichst ein alter Chinese, eine Monographie schenkte.

Wo Klima, Boden und ein guter Gärtner zusammenwirken, kann Unvergleichliches entstehen. Wahrnehmung, die wir mit gutem Grund »Geschmack« nennen, schafft die Voraussetzung dafür.[16]

~

Die Schildkröten haben lange geschlafen, bald ein halbes Jahr. Nun dürfen sie in ihr Gärtchen ans Licht. Ich ging in den Keller und wühlte sie aus dem Stroh. Sie waren reglos und kalt wie Stein. Als ich die Treppe hinaufstieg: »Ich habe euch als Charon[17] hinuntergetragen, aber nun wird euch bald der Löwenzahn blühen. Und dann kommen die Erdbeeren.«[18]

~

Zur Auferweckung der Schildkröten warte ich gern einen sonnigen Morgen ab. Aber heut wurde ich unruhig und ging in den Keller, wo sie schon über ein halbes Jahr schlafen. In der Tat hatten sie sich aus dem Laube befreit und standen aufrecht, die Pfötchen an den Rand ihres Verlieses gelehnt. Ich fühlte, wie kalt sie waren, als ich sie am Hals streichelte. Ob sie mich wohl erkannt haben? Dessen bin ich sicher – ich meine das natürlich nicht »akzidentiell«, also persönlich, sondern »essentiell«

im Sinne von Thomas oder »wesentlich« nach unserem Silesius. Nur darauf kommt es an.

Dann im Garten, um mich nützlich zu machen: Veilchen als Unkraut aus der Petersilie gerupft.[19]

~

Auferstehung der Schildkröten. Die Kaiserkronen leuchteten dazu. Es ist wichtig, daß jeder außer dem allgemeinen noch seinen eigenen Festkalender hegt.[20]

~

Gesät: Spinat, Mangold, Weiße Rüben, Braun- und Rosenkohl, Zuckermais, Petersilie. In der stahlblauen Nieswurz leuchten die weißen Staubfäden.[21]

~

Immer wieder das Dilemma der Frühlingsfahrten – will ich am Mittelmeer nicht frieren, so kann ich erst aufbrechen, wenn hier der Garten mit seinem vollen Flor beginnt. Jetzt standen die Kaiserkronen vor ihrer Öffnung – viele braunrote und eine gelbe; ich kaufte die Zwiebel vor vierzehn Jahren am Seinequai bei Vilmorin. Sie blieb dem Garten treu, doch immer nur mit einem Sproß, während die roten sich stark vermehrt haben. Die Händler wissen schon, warum sie für diese gelbe den hohen Preis fordern.

Vor der Blüte stand auch die Felsenbirne, Amelanchier, die ich vor zehn Jahren gepflanzt habe. Ich werde sie also heuer nicht im Schmuck ihres hauchfeinen Gefieders sehen, das einem Schwanenflaum gleicht.

Am Vorabend noch zwei Beete Erbsen gelegt, gelbe Lilien gepflanzt. Einen Garten läßt man ungern im Stich.[22]

~

Rote Rüben, Radieschen, Buschbohnen in die Beete, Krauskohl und Steckrüben in Schulen ausgesät. Vom Krauskohl außer der gewöhnlichen auch eine dunkelrote, fast ins Schwarze schillernde Art – aus optischer Liebhaberei. Desgleichen will ich an den

Stangen Türkenbohnen, der roten Blüten wegen, ziehen. Auch die Hühner sollten von einer Rasse sein, an der das Auge Freude hat. Nur so kann auch das Ökonomische gedeihen. Man muß mehrmals am Tage Lust verspüren, die Pflanzen und Tiere aufzusuchen, um sich an ihrem Anblick zu ergötzen, muß abends auch, bevor man einschläft, sie im Geiste sehen.[23]

~

Seit über dreißig Jahren bewohne ich die Oberförsterei. Noch länger, viel länger haust hier ein Völkchen kleiner Ameisen. Ich beobachte es seit meinem ersten Gartengang. Es muß tief in der Erde siedeln und verkehrt zwischen Ausgängen, die es in den steinharten Boden des Weges gebrochen hat. Das Hin und Her ist manchmal so lebhaft, daß es sich zu einem Band verdichtet, wie man es aus großer Höhe auf unseren Autostraßen sieht.

Was mag in der Tiefe vor sich gehen – im Dunkel der Brut und Vorratskammern und in den Schächten, aus denen die Tierchen hervorquellen? Wir schreiten achtlos über ihre Siedlung, die gewiß mehr Einwohner birgt als unser Dorf. Meist gehen sie bei aller Geschäftigkeit ledig; manchmal tragen sie Samenkörner und Hälmchen, selten bleiche Puppen, die sie, wie Ammen ihre Wickelkinder, an einen bequemeren Ort bringen. Wenn wir ihre Ausgänge zertreten haben, sind nur wenige der Ameisen zu sehen. Wahrscheinlich gehen sie nachts auf Beute, und während des Winters ruht der Verkehr überhaupt. Sie schlafen dann in ihren Kammern und träumen vom Frühling wie wir.

Wenn sie kein Gedächtnis hätten, würden sie den Weg in den Garten nicht zurückfinden. Ihre Gänge könnten bis unter den Keller reichen, in dem die Schildkröten schlafen; wenn ich nachts daran denke, ist mir die Vorstellung angenehm.[24]

~

Ich arbeite im Garten, wenn man es »arbeiten« nennen will. In der Rabatte hat eine der neuen Irisblüten ein Blau gezeitigt, von dem Braque, der doch ein Meister in diesen Tönen war, nur zu träumen gewagt hätte. Wie kommt es zustande? Auf dem Kelchblatt schiebt sich ein schwarzer Mittelstreifen vor. Kein einfaches Schwarz – es wird durch winzige Partikel belebt, die sich auf seiner Fläche kristallisiert haben. Man muß sich ein Löschblatt vorstellen, auf dem dieser Streifen zu einem immer feineren, doch bis zum Rande noch dunklen Blau verfließt. Dazu ein Lufthauch, der die Blüte bewegt und die beiden Qualitäten der blauen Farbe offenbart: das Wunderbare und das Nichts. Das Wunder flutet in sich selbst zurück.[25]

~

Astor, der Hund, den ich so schlecht behandelt habe, weil er immer über die Beete lief. Eben kommt er gewedelt, während ich unter den alten Buchen sitze, und blickt mich an – nicht vorwurfsvoll, sondern eher fragend, nachdenklich: »Warum bist du so?« Und wie ein Echo höre ich in meinem Innern: »Ja, warum bist du so?«[26]

~

Im Garten Wege vertieft. Die Würmer, die der Spaten beim Schürfen in Stücke schneidet, die sich tänzelnd krümmen – der Schmerz rührt uns in solchen Bildern kurz, wie mit dem Ätzstift, an. Es leuchtet ein, daß man im Wurme den Schmerz symbolisiert und daß der Mensch, sofern er schutzlos leidet, mit ihm verglichen wird. Einmal ist da die Lage, ganz am Boden, in der das Niedere sich verkörpert, ohne wie bei der Schlange sich des schnellen Laufes, der Schuppen und der Waffe zu erfreuen. Sodann die nackte, unbehaarte, gänzlich ungeschützte Haut, die Blindheit und vor allem die Krümmung, durch die der ganze Körper zum Spiegel der Empfindung wird.

Immer, wenn man den Wurm sich krümmen sieht, mischt sich auch Widerwille in das Mitgefühl, ganz ähnlich wie beim Schwein, mit dem er in der Art des Schmerzes Verwandtschaft hat. Ich nehme an, daß sich auf diese Weise die sorgenlose Existenz quittiert – so lebt der Wurm in fetter Erde wie im Schlaraffenlande, und das Schwein hat sich zum feisten Fresser entwürdigen lassen, zu welcher Wendung, wenn nicht Zustimmung, so doch Eignung vorauszusetzen ist. Demgegenüber gibt es Tiere, die man sehr vornehm leiden sieht.

Bei anderen Würmern, die vom Raube leben, wie bei den Errantien[27] und insbesondere bei den Sagitten,[28] gibt es Arten von hoher Schönheit, wie ich sie oft am Meer bewunderte. Hier sieht man, wie die Lebensweise, und nicht die Blutsverwandtschaft, nobilitiert. Der Stamm der Würmer ist geheimnisvoll und müßte von Augen gedeutet werden, die Bilderschrift zu lesen wissen – so ruht dort vieles, was an uns geschlechtlich ist.[29]

~

Dann im Garten. Erbsen, Salat, Mangold, Zwiebeln, Möhren gesät. Wie die Erbsen in matt graugrünen Reihen aus den dunklen Rillen schimmerten. Als ich bei diesem Anblick daran dachte, daß ich sie gleich mit Erde bedecken würde, leuchtete mir ein, wie seltsam, ja fast zauberisch die Arbeit an den Beeten ist.

Wenn man im Boden wühlt, teilt die Erde den Händen eine Veränderung mit; sie macht sie trockener, ausgezehrter und, wie ich meine, geistiger. Die Hand erfährt im Boden eine Reinigung. Die Finger im mürben, lockeren Grunde zu bewegen, den die Sonne und auch die Gärung wärmten – das ist ein sehr angenehmes Gefühl.[30]

~

Im Garten: Jupe à Sophie. Von den Sämereien, die ich auf dem Wochenmarkt von Agadir einkaufte, ist Gypsophila gigantea aufgegangen; ich nahm sie des Namens wegen mit. Nun, da sie im Flor steht, merke ich zu meiner Enttäuschung: mit dem Riesenwuchs war nicht die Staude, sondern die Blüte gemeint. An diesem Schleierkraut ist jedoch nicht die Größe der Blüte, sondern ihre Punktförmigkeit das Exquisite; sie erzeugt den Eindruck des feinsten Gewebes, der pointillistischen Meisterschaft.

Wieder ein Beispiel für die Faszination der Anpreisung, der man beim Studium der Gärtnerkataloge allzu leicht verfällt.[31]

~

Den Anteil des Lebens an der Schichtung können wir schon im Garten wahrnehmen. Wir wirken als Gärtner daran mit. Pflanzen verwandeln sich in Humus und wachsen aus ihm empor. Ephemeridenwolken steigen aus dem Boden und sinken zu ihm herab. In allen Jahreszeiten ist ein Heer von Wühlern tätig, sich von der Erde nährend und so zur Nahrung der Erde beitragend.

Den Tages- und Jahresrhythmen, in denen sich die Haut der Erde erneut und wandelt, entsprechen die gewaltigen Zeiträume, in denen Organismen am Gerüst mitwirken. Hier bedarf es schon einer festeren Vorformung, wie sie die schützenden und stützenden Teile der Tiere und Pflanzen einbringen. Doch müssen auch Holz, Kalk und Kiesel noch eine besondere Prägung erfahren, um zu versteinern: Duchsinterung, Druck, chemische Einflüsse. Sie heben das flüchtige Gebilde in eine andere Zeitordnung. Auch dort ist es dem Wechsel nicht entzogen, doch nimmt es nunmehr, »steinalt« geworden, am Werden und Vergehen des Steinreichs teil.[32]

~

Nachts Reif. Die Kaiserkronen beugten sich tief zur Erde, richteten sich aber während des Vormittags wieder auf.[33]

~

Pfingstsonntag. Vor Sonnenuntergang wieder im Haus. Der Garten hat inzwischen nicht geruht. Die Trollblume reckt an fünfzig Goldkugeln empor. Sie zeigt, was die Ranunkel vermag. Herakleum schon wieder mächtig; Iris sorgt für immer neue Überraschungen.

Begrüßung der Katzen und Schildkröten. Beide erkennen mich wieder, wenngleich in verschiedenen Graden; doch ist »erkennen« das rechte Wort dafür? Jedenfalls begannen die Siamesen zu schnurren und die Gepanzerten zu »rudern«, als ich mich näherte.[34]

~

Wenn ich die Füße der Schildkröte betrachte, und ihren Gang, der dem eines Krüppels gleicht, kann ich ein Gefühl des Bedauerns, sogar des Mitleids, nicht abweisen.

Eine Verstümmelung aber wird nur vermutet, wenn wir vom Körper des Menschen oder selbst anderer Reptilien ausgehen. Die Einbuße ist auch mit einem Gewinn verbunden: dem der Sicherheit, die ein schwerer Panzer verleiht.

Eben deshalb sind die Schildkröten ein so uraltes Geschlecht. Sie haben weit bessere Aussichten aufs Überleben als wir. Die Menschheitsgeschichte wäre dann nur ein winziger Abschnitt innerhalb der ihrigen.

Das Bedauern kann also nicht der Schildkröte gelten, die auch als Einzelne vielleicht glücklicher lebt denn wir. Wohl aber kränkt die Unvollkommenheit des Ganzen, das Pfuschwerk des Demiurg.

Das Gelächter einfacher Menschen angesichts grotesker Tiere ist zwar naiv, hat aber Hintergrund.[35]

~

Die Witterung macht die Schildkröten noch lethargischer. Ich habe ihnen eine Kiste mit Stroh gefüllt und gegen den Regen abgedeckt. Dort verträumen sie den Tag und kommen nur heraus, wenn die Sonne für einen Augenblick die Wolken durchbricht.

Die Schildkröte ist das Gegensymbol unserer Zeit. In Rußland wurde vor Betrieben, die ihr Soll nicht erfüllt hatten, eine Schildkröte aufgehängt. Ich würde das als Kompliment auffassen. Bei der Beobachtung oder, besser: bei der Betrachtung dieser Tiere glaube ich in ihnen eine der unseren überlegene Intelligenz zu erkennen; die unsere ist etwa dem Marmor zu vergleichen, die ihre einem mit Uran durchsetzten Granit. Ein altes Wissen scheint in sie eingemauert – sie waren längst vor uns und werden weit nach uns sein. Sollten vulkanische Landschaften kommen, so würden sie sich in ihnen wohl fühlen.

Es gibt auch eine Bestätigung ex negativo: das Maximum der Bedrohung erzeugt einen Schildkrötenstil. Ich denke an die Bunker, dann an die Vermummung der Renn- und Schifahrer, auch der Tieftaucher. Das Äußerste an Rüstung und Bewegung dieser Art sah man bei der Mondlandung. »Une saison en enfer«:[36] Es ist mit Zuständen zu rechnen, in denen man Perioden unter der Erde oder auf dem Grund des Meeres verbringen muß.[37]

~

Nach dem Frühstück bei den Schildkröten. Kleine Gehäuseschnecken sind eine ihrer Lieblingsspeisen; heut sah ich zum ersten Male, daß Gigas sich umständlich an einer großen roten Nacktschnecke beköstigte. Eine mißliche Konstellation – wenigstens für das Opfer: ein hochempfindliches Wesen wird langsam konsumiert. Soll man da eingreifen?[38]

Die Schildkröten ziehen den Kopf nicht mehr ein, wenn ich sie aufhebe. Sie wissen vielleicht sogar, daß sie gleich vor etwas Gutes, wie soeben vor eine Zuckertomate, gesetzt werden.

Daraus auf Dankbarkeit zu schließen, wäre verfehlt. Es hieße auch, die Sympathie, die ohne Zweifel besteht und die dem kosmischen Eros entspringt, anthropozentrisch verbilligen.

Der Vater pflegte sogar zu sagen, daß man auf Dankbarkeit der Kinder nicht rechnen dürfe, denn man zahle an sie zurück, was man den eigenen Eltern schuldig sei. Auch sie, die Kinder, würden einmal an der Reihe sein.

Das Stierlein rügt, daß ich zu oft von den Schildkröten spreche – aber sie sind mir neben den Katzen für vieles mein nächstes Modell.

»Davon abgesehen, gehören Wiederholungen zum Altersstil – und du kannst nicht sagen, daß ich davon voreilig Gebrauch mache.«[39]

~

Der heiße, von Gewittern erfrischte Sommer tut dem Garten gut. Ich entsinne mich solcher Temperaturen bei uns zulande nur aus dem Jahre 1911. Die Dahlien bieten eine bunte, die Tomaten eine rote, die Kaiserwinden eine himmelblaue Front. Die Blüten dieser Winden sind fast gewichtslos; ihr Blau transzendiert, wie das auch an anderen sehr dünnen Schichten und Häuten überrascht – so der Seifenblasen und der auf Pfützen sich dehnenden Öltropfen. Der Styx beginnt zu schimmern; er lädt ein.[40]

~

Dreißig Grad im Schatten; selbst die Schildkröten suchen ihr Ställchen auf. Vorgewitterstimmung, die man genießen sollte, und zwar durch Nichtstun anstatt vergeblichen Herumbrütens.[41]

~

Im Garten. Admirale und Tagpfauenaugen wetteifern am Fliederspeer. Ich esse Weintrauben und werfe hin und wieder eine Beere den Schildkröten vor. Sie greifen zu und heben dankbar den Kopf. Daß sie den Cargo-Kult[42] nicht kennen, steigert noch ihre Dankbarkeit. Auf ihrem Studium ließe sich ein System errichten – doch wozu?[43]

~

Wenn ich Theodolinde die Bäckchen streichle, was ihr offenbar behagt, so ist das eine Berührung über biologische Lichtjahre hinweg.[44]

~

Idris gewöhnt sich an meinen Sessel; zuweilen legt er sich auf den Teppich und dehnt sich, zum Zeichen, daß er gekrault werden will.

Ich frage mich, wie er mich sieht – wie er mich überhaupt einordnet. Sein Auge ist dem unseren ähnlich und in seiner Optik verwandter als etwa das des Tintenfisches, der zu den Meerwundern zählt. Auf Idris' Retina wird sich mein Bild demnach abzeichnen wie auf der meinen, wenn ich vor dem Spiegel stehe.

Allerdings ist bekannt, daß wir die Umwelt mit ihren Objekten nicht realiter erblicken, sondern daß wir sie um- und ausdeuten. Die Einsicht unterscheidet sich schon bei den Individuen. Der Maler weiß Eigenschaften des Sichtbaren darzustellen, die den meisten verborgen sind.

Ich nehme an, daß die Katzen das Numinose besser wahrnehmen als wir, die dazu der Kunst und der Religion bedürfen und außerordentlicher Zustände. Daher sind Tiere auch besser geeignet, Gottheiten zu verkörpern – und menschliche Figuren sind mit Tierköpfen glaubwürdiger.

Wachsamer in dieser Hinsicht ist auch der Hund. Ihm ist die offene Natur als Spielraum zugeordnet wie der Katze der geschlossene Raum. Die Art, in welcher der Hund Unbekannten begegnet – freudig, gehässig, demütig, defensiv oder angreifend – hat eine Skala, die über unser Vermögen hinausreicht: er erkennt offenbar im Nu Eigenschaften, die wir erst im Verlauf der Zeit oder überhaupt nicht wahrnehmen.

Der Hund ist ein soziales Wesen; er unterscheidet nach Ständen und Rassen, nach Uniformierten und Zivilisten, er jagt in Rudeln und Meuten, macht Männchen und leckt die Hand. Seinem Herrn ist er treu bis zum Tod.

Die Katze ist Anarchin – wo sie mit uns zu tun haben will, wird es zu ihrem Vorteil sein. Sie tritt dann, wie Stirner es ausdrückt, mit uns »in Verein« und kann ihn auf Belieben kündigen.

Was wir von den Tieren wissen oder zu wissen glauben, sind Übersetzungen. Dasselbe gilt umgekehrt. Je weiter wir uns voneinander entfernen, desto lückenhafter werden die Texte und bald unleserlich. An sich ist die Katze ebenso wenig untreu wie die Schlange heimtückisch.[45]

~

Mein Studio muß für Peri ein Paradies sein; sie harrt davor, bis ich nach dem Frühstück die Tür öffne. Oft höre ich zuvor ihren bettelnden Schrei, der sich von dem herrischen unterscheidet, mit dem sie ihr Futter fordert oder spät noch in den Garten begehrt. Auch wenn ich mit ihr spreche, antwortet sie anders: mit einem kurzen Erkennungsruf. Er klingt ungefähr wie das Summen in der Muschel, wenn ich den Hörer vom Telefon abnehme.

Sie setzt sich hinter mich auf den Sessel und beginnt zu träumen, schnurrt auch, wenn ich die Hand auf ihr Fell lege.

Wahrscheinlich hat das weniger mit mir zu tun, als ich denke, denn sie fordert auch ihren Platz, wenn ich abwesend bin. Sobald geheizt wird, wählt sie die Kaminplatte. Aber an der Stimmung im Raum mit seinen Büchern und Bildern habe ich mitgewirkt.

Die Katzen, besonders die Siamesen, wittern die Kultur. Sie sind auf sie angewiesen wie auf die Atemluft. Nicht nur in einem Tempel, sondern auch in einer Bauernstube oder in einer alten Scheune würden sie sich wohl fühlen, aber in einer Diskothek oder einer Fabrikhalle bald eingehen. Peri haßt die Maschinen – schon wenn sie einen Staubsauger hört, verkriecht sie sich unter ein Möbel, und in den Büschen, wenn ein Düsenjäger den Garten überfliegt.[46]

~

Mein Kater Mao: wir haben unser Zeremoniell. Er will, daß ich die Tür öffne, legt sich auf den Rücken, wenn ich ihn kraulen soll. Ich rufe ihn beim Namen; er antwortet mit einem besonderen Schrei, doch nur, wenn er guter Laune ist.

Fehlt also nur die Sprache? O nein – ich bin dem Unaussprechlichen noch nicht so nah wie er.[47]

Wieder kam eine fremde Katze in den Garten, um hier zu sterben; es ist unter der Tanne oder im Phlox besonders friedlich und still.

Zunächst scheint es, als wollte das Tier sich in der Sonne behaglich dehnen, doch kann es, wenn ich es anspreche, kaum noch den Kopf heben. Das Fell ist struppig und verwahrlost; schon nähern sich Fliegen an. Sie leuchten metallisch und harren auf dem Buchs.

Ich bringe ein Schälchen Milch; das Kätzchen nimmt noch ein wenig an. Es läßt sich den Hals kraulen und stößt einen Klagelaut aus. Ich spreche ihm zu; wir verstehen uns beide: uns eint das Elend der Welt.[48]

~

Mit unseren Katzen sind wir, hoffentlich nur vorübergehend, in ein gestörtes Verhältnis geraten, und zwar auf folgende Art:

Die Vorratskammer ist ihr Paradies. Dort hängen Würste, liegt manchmal Fleisch auf dem Tisch, wird auch ihr Futter zubereitet und verwahrt. Der Tür zu diesem Horte fehlt der Schlüssel; trotzdem ist es schwierig, sie zu öffnen, was dennoch seit einigen Tagen den Tierchen, vermutlich der listigen Aïscha, gelungen ist. Nachts tun sie sich gütlich an den Vorräten. Vergebens stellt das Stierlein einen Stuhl oder das Bügelbrett vor die Türe – wir finden sie am Morgen geöffnet; die Gier überwindet jedes Hindernis.

Seitdem hat sich das Verhalten der Lieblinge geändert – wenn sie uns sonst freudig begrüßten, kriechen sie nun hinter den Kühlschrank und rühren sich nicht. Wir haben also den Schlosser bestellt.

Ein Beitrag zur Genealogie der Moral.[49]

~

Am Vormittag begrub ich Idris, der gestern abend gestorben ist. Er weilte elf Jahr lang im Haus. Die Red-points sind ein vornehmes Geschlecht. Idris war zutraulich. Seine Schwester

Aïscha, mit der er wie ein Pharao Kinder zeugte, wollte wenig von uns wissen; sie hatte Scheu vor uns. In unserer Nähe stellte sie sich immer so, daß sie die Tür im Rücken hatte, und wenn sie sich einmal auf den Schoß bequemte, hielt sie das Pfötchen nicht unter, sondern über unserem Arm. So konnte sie jederzeit abspringen. Auch ihr Abschied war nobel; als es zum Letzten kam, verschwand sie und starb so einsam, daß wir sie nicht wiederfanden, obwohl wir das Haus und die Nachbarschaft absuchten.

Idris dagegen wurde während seiner langen Krankheit täglich zärtlicher. Er magerte durch Monate hin ab. Die späten Lesestunden der Hausfrau am Kachelofen – das war seine Lieblingszeit.

Er zog sich »stufenweise aus der Erscheinung zurück«: Er sonnte sich noch im Garten, aber wir mußten ihn auf das Geländer heben, an dem er die Krallen zu schärfen pflegte, endlich auch auf den Schoß. Dort konnte er nicht einmal mehr schnurren, aber noch den Kopf wenden.

Ich begrub ihn unter dem Haselbusch. Er hatte sich dort in den Schatten gelegt, wenn ihm die Sonne zu warm wurde. Er bekam Zinnien und einen Grabstein aus der Schwäbischen Alb. Monika Miller,[50] die neben mir stand, fand den Aufwand gut. Ich sagte: »Idris kommt auch eher in den Himmel als wir.« »Wieso denn das?« »Kein Umweg über die Erbsünde.«[51]

~

Am Mittag fand ich ihn leblos in seinem Glase: Klein Zaches II. – ein unerwarteter Verlust. Am Morgen war er noch munter gewesen; wahrscheinlich hatte die Sonne ihm zugesetzt. Ich hatte nicht mit ihr gerechnet, denn es war ein wolkiger Tag.

Ich nahm ihn auf die Hand, beatmete ihn. Ein Beinchen begann zu zucken, und auch die kurzen Fühler zitterten. Das setzte ich fort und legte ihn dann auf feuchtes Fließpapier. Aber am Abend war es vorbei.

Er hieß »der Zweite«, denn er hatte einen Vorgänger gehabt. Beide waren mir von einer Freundin aus Südafrika geschickt worden. Als ich die erste Sendung öffnete, sah ich nur eine Handvoll dürren Laubs. Doch dann begann es sich zu regen: eine braune Mantis zeichnete sich ab. Das war Klein Zaches I. – sein wissenschaftlicher Name ist Mantis phyllocrania. Er hatte ein Vierteljahr lang bei mir im Studio gelebt. Als ich im Dezember aus Liberia zurückkam, war Zaches II. eingetroffen; er blieb fast ein halbes Jahr bei mir. Wahrscheinlich kam ihm zugute, daß ich mich beim Ersten an die Pflege gewöhnt hatte.

Bislang hatte ich Stabheuschrecken gehalten, die man mit Rosen-, Himbeer- oder Brombeerblättern ernährt. Nur ist darauf zu achten, daß man nicht an gespritztes Laub gerät. Das fällt mir nicht schwer im eigenen Garten; im Winter tut es auch Efeu oder Petersilie.

Die Mantis verschmähte diese Nahrung, bis mir schließlich einfiel, daß sie als Gottesanbeterin nicht zu den Vegetariern, sondern zu den Fleischfressern zählt. Kaum hatte ich eine Fliege in ihr Glas getan, als schon die Jägerin sich in Positur setzte. Die Antennen begannen zu vibrieren; die Tibien spreizten sich ab. Sie ging der Beute nicht entgegen, sondern wartete ab, bis sie in Reichweite kam. Dann griff sie zu und nahm ihr Opfer, wie wir als Jungen sagten, »in den Schwitzkasten«.

Der Name Mantis – das ist »Seher« oder »Beter« – wurde dem Tierchen seiner Haltung wegen verliehen; er besagt das gleiche wie das provençalische prégadion oder unser »Gottesanbeterin«. Mantis religiosa – eine kultische Vermutung umwittert das Tier. Die Buschleute gehen noch weiter, denn, wie ich höre, wird Zaches von ihnen als Gott verehrt.

Würde ist ihm nicht abzusprechen; sein Kopf wölbt sich, als ob er in ein Horn ausliefe, zu einer Mithra, die er in den Nacken zurücklegt und während des Mahles senkrecht trägt.

Brehm, der sein »Tierleben« mit Ausfällen gegen den Pfarrer Knaak[52] und andere Zeitgenossen durchsetzt, versäumt nicht, sich über den frommen Namen zu belustigen: »Solche Anschauungsweisen konnten nur zu einer Zeit und unter Völkern entstehen, wo man alles Gewicht auf den äußeren Schein legte und denjenigen für fromm und brav hielt, der solches Wesen zur Schau trug. Bei unserer Mantis lauert hinter jener Stellung nur Tücke und Verrat.«[53]

Aus unbefangener Perspektive erscheint die sakrale Deutung weniger abwegig. Die Haltung der Arme ist die der Bitte – etwa um das tägliche Brot, das die Mantis in Form einer Fliege verzehrt. Im Kampf ist es der Notruf: »Wenn Mose seine Hand emporhielt, siegte Israel« (Exodus II, 17,11). Das Volk hat es richtig gesehen.

Ich hatte Muße, mich mit dem Tier zu beschäftigen; es wurde ein lieber Genosse für mich. Jeden Morgen bekam es seine Fliege; daran fehlt es im Dorfe nicht. Manchmal wurde es gebadet oder mit warmem Wasser bespritzt. Ich setzte es auf meine Hand, auf der ein Tropfen geblieben war; es trank davon, indem es die Mithra auf und ab schwenkte.

Offenbar fühlte es sich auf der Hand wohl. Ich merkte es an dem Weben, durch das viele Tiere ihr Behagen ausdrücken. Auch die Stabheuschrecke hatte, wenn die Sonne in ihr Glas schien, so getanzt. Die Schildkröten bewegen ihre Füße, als ob sie Erde schaufelten. Der Hund wedelt, die Kobra wiegt sich, und auch der Fisch rührt im stillen Wasser die Flossen, nicht um zu schwimmen, sondern »eben so«.

Klein Zaches saß gern auf der Hand. Wahrscheinlich erinnerte er sich auch, wenn ich ihn aus dem Glas nahm, an dieses Wohlgefühl. Damit sei nicht gesagt, daß er sich an mich persönlich erinnerte. Viel wichtiger ist dieser anonyme Eros, der die Welt durchdringt.

Die Ähnlichkeit mit einem welken Blatt ist außerordentlich. Nicht nur der Leib, auch Hals und Schenkel sind ausgelappt. Die Flügel zeigen Nerven und Feingeäder gleich dem Laub. Erstaunlich ist ein Verstoß gegen die bilaterale Symmetrie insofern, als die Nerven schräg laufen; der Flügel scheint wie ein Deckblatt aufgerollt. Gehen wir vom Gedanken der Nachahmung und ihrem Nutzen aus, so wirkt die Sorgfalt übertrieben; die Täuschung gelänge auch ohne sie. Man könnte eher an das Werk eines Künstlers denken als an das eines Mechanikers. Beides braucht sich ebensowenig zu widersprechen wie die Arbeit des Uhrmachers und jene des Juweliers.

Es kam selten vor, daß Klein Zaches die Fliege verfehlte, obwohl er sich nicht auf sie zubewegte, sondern höchstens den Kopf wandte. Dagegen mußte sein Opfer sich bewegen; er griff nicht das Ruhende und noch weniger das Tote an. Ich fragte mich, ob er es auf der freien Wildbahn ebenso gut hätte wie bei mir. Das wäre möglich, wenn er sich in der Nähe einer Blüte ansetzte. Er ist ein guter Kletterer. In seiner Färbung könnte er sich einem Ast anpassen; auch bei unserer Mantis kommen bräunliche Spielarten vor. Die Tracht fast aller Fang-, Gespenst- und Heuschrecken wechselt zwischen grüner und brauner Tönung; sie wird dunkel bei Arten, die sich eingraben. Bei Khartum klopfte ich einmal eine grasgrüne Mantis mit roten Fangarmen in den Schirm.

Wenn die Fliege zu summen begann, vibrierte Klein Zaches mit den zierlichen Fühlhörnern. Bald hörte ich, daß sein Fang einschnappte. Die Konstruktion dieser Waffe erinnert an die eines Taschenmessers; den Oberarm muß man sich als die Schale vorstellen, der Unterarm paßt als Klinge hinein. Beide sind mit Stacheln bewehrt. Zudem endet der Unterarm in einem nach innen gekrümmten Fanghaken. Mit ihm wird die Beute angeschlagen und dann eingeklemmt. Nach kurzer Umarmung ließ Klein Zaches sie fallen; er nährt sich von den Fliegen nach Art der Spinnen, die sie aussaugen. Wenn ich ihm zwei Fliegen anbot, hatte er bald eine in jedem Arm, doch stellte er die Jagd ein, wenn er gesättigt war. Er tötet nur nach Bedarf. So hält es auch der gute Waidmann; er verachtet den Aasjäger.

Seinen Vorgänger hatte ich präpariert und meiner Sammlung einverleibt. Dieser wird im Garten begraben, denn er war mehr als ein Objekt der Beobachtung. Ein Dritter wird kaum mehr den Weg zu mir finden, denn meine südafrikanischen Freunde brechen die Zelte ab.[54]

~

Am Frühstück nehmen um diese Zeit die Wespen teil, behende Husaren in gelb- und schwarzgestreifter Uniform. Auch ihre Taktik erinnert an die Leichten Reiter: sie kommen mit zwei oder drei Kundschaftern, die den Tisch umkreisen, um nach Beute zu spähen. Weder der Honig noch die Marmelade sind vor ihnen sicher; sie finden die kleinsten Schlupflöcher. Sie räumen die Zuckerhörnchen ab, verschmähen auch nicht den gesüßten Tee.

Neu war mir, daß sie auch als Sanitäter hilfreich sind – ich wurde heut morgen dessen belehrt. Zwei Wespen waren unvorsichtig in den Honigtopf geflogen und dort umgekommen; sie rührten sich nicht mehr, als ich sie herausfischte und auf den Tisch legte. Im Nu waren einige Helfer zur Stelle, die sich mit ihnen an den Kiefern und den Bauchringen beschäftigten. Bald begann eine der beiden Leichen die Fühler zu regen und dann die Beine, endlich breitete sie die Flügel aus und flog davon. Die andere folgte ihr nach einiger Zeit.

Das Wunder war leicht zu erklären: es war der Honig, der die Gefährten anlockte und von dem sie die Scheintoten genüßlich säuberten. Dank ihrer Sorgfalt wurden die Tracheen von der Verstopfung befreit, und die Erstickten konnten Luft schöpfen. Es war also kein Liebesdienst, der sie wiederbelebt hatte, doch der erfreuliche Ausgang eines Unfalls.

Derartiges belebt auch im Anblick, als ob man zufällig ein Buch aufschlüge und auf ein gutes Zitat stieße.[55]

~

Unter der Blutbuche ist aus meiner »Dreifelderwirtschaft« (Winterling, Lerchensporn, Maiglöckchen) der Lerchensporn verschwunden, während der Winterling seine Blätter ausfächert und die Maiglöckchen zwischen ihnen hervorspitzen. Vor etwa dreißig Jahren setzte ich dort an den Rand eine Gerte des Salomonssiegels, die ich aus dem Walde mitbrachte. Ich muß einen günstigen Platz für sie gewählt haben, da sie sich in jedem Frühling erneut und allmählich eine Fassung gebildet hat. Die Pflanzen kennen ihren Ort. So haben wir hier eine Ränder bildende Nelke, die als Wildung in den Garten eingedrungen ist und den Buchsbaum mit roten Säumen schmückt.[56]

~

Die Maiglöckchen, einst ein Geschenk an Gretha,[57] das ich aus den Töpfen auspflanzte, blühen im Schatten der Rotbuche. Sie leuchten aus dem dunkelgrünen Laub. Abends betäubender Duft. Wie kommt es, daß ich auf diesen besonders anspreche?

Für viele andere habe ich kaum ein Gespür – ähnlich, als wäre ich im Reich der Töne für gewisse Schwingungen schwerhörig. Diese Blume zählt, wie die Herzmuschel, zu den bezaubernden Erfindungen der Natur.[58]

~

Im Garten. Tomaten angebunden - der erste Knoten dient der Befestigung, der zweite der objektiven, der dritte der subjektiven Sicherheit.[59]

~

Dazwischen hin und wieder im Garten, in dem besonders die Primeln prächtig geraten sind. Wenn Blüte an Blüte steht, verbinden sich runde und radiäre Formen nach Art der Kugelkorallen – Kissen ist das rechte Wort dafür. Dazu der ungemeine Wechsel der Farben, sowohl bei den Stöcken als auch innerhalb der Blüten selbst. Blumen, die man in Reihen pflanzen sollte, um sich an der Vielfalt ihrer milden Töne zu erfreuen, selbst an den Schatten- und Nordseiten.[60]

~

Die Linde steht vor der Blüte. Ihre Blätter wallen vor dem Gewitter – weniger der Wind scheint sie zu bewegen als eine allgemeine Unruhe, die nicht seitlich, sondern von unten auf das Laub einwirkt; es »bäumt sich auf«.

Dieser Frühling ist der Iris besonders günstig; sie blüht in vielen Sorten und erfreut mich immer stärker, seit ich die Wahlverwandtschaft entdeckt habe. Allen gemeinsam ist das Goldene Vlies; Medea könnte sie beneiden darum.

Eine Frage, die mich beunruhigt: das Seltene scheint eine Bedingung des Schönen zu sein. Oder sind wir geborene Snobs? »Toujours perdrix«![61]

So verlor sich die Bezauberung, die der Anblick der Orchideen-Iris auf mich ausübte, seitdem sie im Garten häufig geworden ist. Ist sie nun nicht mehr so schön?

Daran ließen sich Gedanken über Stilwandel, Züchtung,

Rassen anknüpfen. Jedenfalls darf die Schönheit nicht überhand nehmen. Eine Gesellschaft von nur schönen Menschen wirkt noch mehr als Herde denn jede andere. Eine Reklame für Zahnpasten.

Was die Blumen betrifft, so kann die Substanz in den einfarbigen eine Dichte gewinnen, die dem Geschmack länger standhält als das Schauspiel der gemusterten.[62]

~

Seit Jahren im Garten verwildert, besonders im Halbschatten: der purpurne Fingerhut. Die Glocken sind am Grunde violett gemakelt; die Bienen schlüpfen hinein wie in einen Brautmantel. Bis nach Norwegen hinauf sah ich die speerförmigen Schäfte auf den Holzschlägen glühen.

Der Fingerhut gehört zur mächtigen Familie der Scrophularien[63] – ein lebenslanges Studium würde sie nicht ausschöpfen. Zu ihr zählen, um nur einige zu nennen, die Königskerze, die Pantoffel- und die Gauklerblume, das Leinkraut, das Löwenmaul, die Paulownia.

Woher der Name, der schon schwierig auszusprechen ist? Scropulosus ist: »kratzig, rauh«. Die Familie hat auch gewaltige Heilkräfte: Digitalis ist bei Herzleiden unentbehrlich, die Braunwurz gut gegen scrophula, das Halsgeschwür.

Fast dreitausend Arten – nur einige prägten sich mir ein, als wäre die Stirn mit einem Stäbchen berührt worden. Digitalis, Mimulus, Paulownia. Ich könnte mir eine Kultur denken, die nur der Flora gewidmet wäre: jeder Familie ein Orden, Botaniker als Patres, Gärtner als dienende Brüder, die Bauern als gläubiges Volk. Ein Glasperlenspiel – was einst die Biene entdeckte, würde im Geist wiederholt.[64]

~

Ein Vergißmeinnicht-Strauß, der zu verblassen begann, indem er sich in das Köpfchen meiner Siamkatze verwandelte. Nur zwei der Blütensterne blieben als Punkte, um die sich die Verwandlung kristallisierte; sie wurden die Augen jetzt.

Gedanke: das waren die Gleichheitspunkte; sie sind im Blick zu behalten, wenn es über die Brücke geht. Die Identität von Auge und Sonne wird dann erkannt.[65]

~

Das Vergißmeinnicht liebt die Gesellschaft; es bildet Flächen und säumt die Bachränder. Die Zahl der Schüler wird geringer, die diese und andere Blumen mit Namen kennen; das fällt mir bei Spaziergängen auf. Schon in den Schulen wird die Botanik im alten Sinn vernachlässigt. Nur wenige haben jemals den kleinen braunen Kern, das Auge der Blüte, gesehen, auch nicht den hellen, von ihm ausstrahlenden Stern. Er verschwindet in der blauen Woge, doch wirkt er an ihrem Zauber mit.[66]

~

Eine reife Erdbeere, nach einem warmen Julitag im Garten, Ambrosia nahe der Transzendenz – für Sterbende eine Wegzehrung. So hat Hieronymus Bosch sie gesehen.[67]

~

Im Garten. Die Tomaten sind heuer fleckenlos gediehen, doch kamen nur wenige zur Reife – wie Dauerläufer, die das Ziel erreicht haben. Die Menge gab auf. Trotzdem lockt mich alljährlich wieder das Experiment.

Mein erster Blick aus dem Fenster gilt den Dahlien. Noch sind die Farben kräftig, doch beim ersten Nachtfrost wird die Palette verlöschen; dann treten eine Weile lang die Astern für sie ein. Mit den Chrysanthemen hatten wir bislang kein Glück. Ehe man weiß, was dem Garten behagt, ist das Leben vorbei.[68]

~

Die Dahlie hat mir erst spät »eingeleuchtet« – wenn uns das mit Pflanzen, Tieren oder Menschen begegnet, werden sie »erkannt«.

Die Dahlie zählt zu den Blumen, denen sich eine eigene Gesellschaft widmet, und zu Recht – das ist wie die Kapelle für einen Heiligen. Wie gegenüber manchen Gattungen und sogar Arten im Tier- und Pflanzenreich habe ich das Gefühl, daß man sich mit ihr nicht zu tief einlassen darf – sonst wäre man verloren wie Hoffmanns Elis Fröbom in den Bergwerken,[69] oder man ruinierte sich, wie es in Holland einst mit den Tulpen geschah.[70]

~

Neu im Garten ist ein blendend weißes Tränendes Herz. Ich betrachte es wie den Schwarzen Schwan als Kuriosum, denn die Herzfarbe ist rot. In einem Kunstwerk, etwa einer Maria unter dem Kreuze, könnte es schneeweiß sein. Sie trüge es dann nicht in der Brust, sondern auf der erhobenen Hand.[71]

~

Im Garten blüht der Jasmin, mit dessen Duft ich mich in diesem Jahr zum ersten Mal befreundete. So geht es uns mit vielen oftgerühmten Dingen: um sie ernst nehmen zu können, müssen wir zunächst die Zone durchbrechen, in der man sie als Dekorationen kennt, als literarische Sujets.[72]

~

Jasmin blendet, Linde betäubt. Und schon des Herbstes Frühboten: der erste Nußhäher; die Kapuzinerkresse blüht. Dann kommen die erste Dahlie und der erste Admiral, der sich auf die gefallenen Birnen setzt. Schon kann man sich im Walde nach Pilzen umsehen: nach frühen Pfifferlingen, den »Nagelköpfen«, nach dem Lärchenröhrling und braunen Täublingen.[73]

~

Der Kaktus, den wir wie einen Dickbauchbuddha vor das Haus gestellt haben, prunkt mit sechs schneeweißen Blüten – immerhin eine Leistung am Südfuß der Rauhen Alb. Die eingeborenen Schwebefliegen lassen die Staubfäden zittern und schwelgen in der tropischen Pracht.

Allerdings haben wir hier sogar die Königin der Nacht[74] im Freien zum Blühen gebracht. Der feuchtwarme Sommer war dem Wachstum ungewöhnlich günstig – so hat das Herakleum im Schildkrötengehege seinen Riesenwuchs noch überhöht. Desgleichen setzt mich eine Königskerze in Erstaunen, die zwischen den Himbeeren einem angewehten Samenkorn entsprossen ist. Sie übertrifft noch die zwei Meter, die Hegi als Höchstmaß nennt.

Klimatisch merkwürdig war heuer, daß der Ginkgo im Unterland erfror, während er hier den Frost überstand. In Stuttgart hatte ihn der milde Frühling schon zu weit vorgetrieben, während sich bei uns noch kaum die Spitzen gezeigt hatten. Ein Beleg zum Schicksal der Frühreifen.[75]

~

Ein Schüler schreibt mir: »Ich habe Ihren Garten nie gesehen, doch habe ich seine Blumen gerochen.«[76]

~

Ein taktiles Vergnügen: das Ausbrechen abgewelkter Irisblüten – sie leisten einen angenehmen Widerstand.[77]

~

Im Garten. Ob rauher Charakter mit Sensibilität sich paaren kann? Man fasse die Rankenspitze einer Stangenbohne an. Sie ist borstig, und dennoch bereitet sie die Umarmung vor.[78]

~

Wasserpflanzen in Cernay,[79] die dunkelgrün am Grunde schimmerten. Sie gleichen Traumvegetationen; das stille Wasser ist der Schlaf. Wenn wir uns am Tage an Einzelheiten eines Traumes erinnern, so ist das, als ob wir eine Blüte, ein Blättchen, eine Ranke an der Oberfläche sähen. Wir greifen dann danach und ziehen daran das dunkle, weitverzweigte Wachstum triefend ins Licht herauf.[80]

~

Nachmittags auf einer Bank am Étoile die Tauben gefüttert; sie waren so zutraulich, daß sie mir ihre korallenroten Füßchen auf die Hand setzten. Der Anblick des Taubenhalses versenkt mich immer in die Kinderzeit zurück. Nichts schien mir damals wunderbarer als dieses grüne, goldene und violette Farbenspiel, zu dem die Federchen sich fügen, wenn die Taube die Körner vom Boden pickt oder der Tauber gurrend vor seinem Weibchen paradiert. In diesem Schillern tritt das bescheidene Grau in seine höhere, opalene Stufe ein, entzündet im Lichte, was in seiner Tiefe verborgen ist.[81]

Nachmittags im Jardin d'Acclimatation.[82] Dort sah ich die Entfaltung des Farbenspieles von tiefen lapislazuliblauen, goldgrünen und goldbronzenen Tönen, die das Männchen einer besonders prunkvollen Pfauenrasse zur Schau stellte. Ein Schaum goldgrüner Fransen umwogte das unerhörte Federkleid. Die Wollust dieses Tieres liegt in der vollkommenen Parade, in der Spreizung seiner Reize – wenn der höchste Grad der Ausstellung erreicht ist, steigert er sich zu einem Schauer, zu einem feinen spasmischen Rasseln und Klappern der Federkiele unter elektrischem Frisson, als ob hörnerne Pfeile im Köcher geschwenkt würden. In dieser Gebärde äußert sich das köstliche Beben, aber zugleich das Automatische, Krampfartige der Lust.

Sodann im Park Bagatelle, wo Lilium Henryi[83] in Blüte stand. Auch sah ich wieder die Goldorphe. Es war sehr warm.[84]

~

Im Botanischen Garten, einem der ältesten Europas; er diente der medizinischen Fakultät als »hortulus« für Anbau und Studium der Arzneipflanzen. Die Gärten erholen; hier waltet eine andere Zeit.

Wie komme ich hierher? – so frage ich mich oft, wenn ich bei den Blumen bin, wie beim Erwachen aus dem Traum.[85]

~

Nachmittags im Park Bagatelle,[86] die schönen Blumen zu betrachten, darunter die Schlingpflanze Dolichos mit ihren breiten purpurvioletten Prunkschoten. Das ist ein Wesen, das in der Frucht, nicht in der Blüte paradiert.

Dann der Virginische Jasmin, mit großen geschlitzten Blüten, die sich als glühende Trompeten aufrecken, ein Dekor für Eingänge zu Gärten in »Tausendundeiner Nacht«. Klematissterne – die Blumenfliegen schwirrten in Tigerfarben, fast reglos, spasmisch zitternd, über dem Blütengrund.

Rast in der Grotte. Im schmutziggrünen Wasser, aus dem

sie sich erhebt, schwamm mit dunkel beschupptem Rücken die große Goldorphe. Sie zog als Schatten in der Tiefe vorüber, stieg langsam immer leuchtender empor und stieß dann glühend an die Oberfläche an.[87]

~

Nachmittags mit Charmille[88] in Bagatelle. Dort eine gelbe Lantana[89] mit rotem Kern. Die Blüte ist sammetartig, und auch ein zarter Sammetduft strömt von ihr aus. Sie lockt die Schmetterlinge an, besonders den Taubenschwanz, der mit gespreiztem Fächer vor ihr verharrt, indem er den Rüssel in ihre bunten Tiegel taucht. Ich sah sie, doch violett, auf den Azoren, und immer ergreift mich ein Gefühl von Heimweh, wenn ich bei ihrem Anblick an diese Hesperiden denken muß. Auf ihnen und auf den Kanaren und auf den Bergen von Rio hatte ich Stunden, die mir verrieten, daß es ein Paradies gegeben haben muß – so einsam schön, oft majestätisch; und selbst die Sonne schien anders, göttlicher. In solchen Stunden war von allen Übeln der Zeit nur eins zurückgeblieben: daß sie verfloß.[90]

~

Dann mit Charmille, der ich am Eiffelturm begegnete, im Park Bagatelle. Die Astern beginnen schön zu blühen, besonders eine, die an ihren Büschen Myriaden blaßgrauer Knospen, kaum größer als Stecknadelköpfe, trägt. So macht sie ihrem Namen Ehre, als ob sie das Firmament im Mikrokosmos spiegelte.[91]

~

Nachmittags im Park Bagatelle. Die starke Wärme dieser Tage drängt die Blüte symphonisch zusammen – zahllose Tulpen flammten auf den Rasenplätzen und auf den Inseln des kleinen Sees. In manchen Blüten, wie in den veilchenblauen und seidengrauen, so federleichten und doch an Schönheit schweren Trauben der Glyzinen, die an der Mauer niederhingen, schien Flora sich zu überbieten – das mündet in Märchen-, in Zaubergärten ein.

Ich fühle das immer als Lockung, als Versprechen ewiger Herrlichkeiten – als funkelnden Lichtstrahl aus Schatzkammern, deren Tür sich flüchtig geöffnet hat. Das Flüchtige ist das Verwelken, und doch sind diese Blütenwunder Sinnbilder eines Lebens, das nie verwelkt. Von dort kommt das Entzücken, das ihre Farbe und ihr Duft erwecken; sie sprühen bunte Funken in das Herz.

Ich sah auch die alte Freundin, die Goldorphe, wieder; ihr Rücken glühte im grünen Wasser der Grotten auf. Sie weilte hier still, während ich mich in Rußland bewegt habe.[92]

~

Die Bäume am Teich von Suresnes: zart weinrot, falb, tief goldbraun sich im klaren Wasser spiegelnd, das Algen und Kräuter hellgrün bänderten. Auch kurz im Park Bagatelle. Dort spähte ich vergebens nach der großen Goldorphe aus. Doch sah ich dafür eine Wasserrose, die ihre zarte, spitze Blüte hyazinthen entfaltete. Die Blätter, in die Insekten ihre Hieroglyphengänge gezeichnet hatten, waren schon vom Herbst berührt und schlossen als ein Kreis lackroter Siegel in Herzform das Blütenwunder ein.[93]

Auf fast unmerkliche Weise löst sich die Gartenkunst im Okazaki-Park zu Kyoto auf. Er umhegt den Heian-Schrein, der den Ahnengeistern der Kaiser Kammu und Komei gewidmet ist; beide sind durch einen zeitlichen Abstand von elfhundert Jahren getrennt. Die zum Schrein gehörenden Bauten stellen ein verkleinertes Modell des ersten Kaiserpalastes von 794 dar. Das war das Jahr, in dem Karl der Große zum zweiten Mal gegen die Sachsen zog.

Der Park ist berühmt durch seine Kirsch- und Irisblüte; für beide war die Zeit vorbei. Dafür schwammen auf den Teichen weiße, blaue und rosa Seerosen. Der Ahorn, dessen Zweige weit über die Ufer hingen, wies schon die ersten roten Sprenkel auf.

Einer der Seen ist dem Schreine vorgelagert; wir überschritten ihn zunächst auf einer leicht geschwungenen Säulenreihe, die eine Handbreit aus dem Spiegel hervorragte, und dann auf einer roten, überdachten Brücke, dem »Korridor« des Schreins. Dort stand ein Händler mit weißen Broten, deren Hartschaumigkeit an die unserer Meringen erinnerte, und wir vergnügten uns, damit die Tiere zu füttern, die auf dem Wasser schwammen oder aus ihm hervorlugten: die weißen Mandarinenten, die Schildkröten, die Goldfische in den verschiedensten Größen und Spielarten. Da war besonders einer, handlang und wie aus feinstem Perlmutt geschnitten, mit obsidianschwarzen Sprenkeln und goldenen Flossen, von dem ich immer wieder hoffte, daß er auftauchen würde, und der mir auch den Gefallen tat.

Überhaupt war diese Stunde auf der roten Brücke die schönste, die ich in diesem Lande zubrachte. Die goldenen Fische, die silbernen Vögel, die Seerosen auf dem grünen Wasser – eine Harmonie von Ruhe und sanften Regungen. Dazu am Ufer die Zedern, die Ahorne, der Lotos, der gelbschäftige Bambus, aus dessen Laub die braunen Zikaden schrillten, die, wenn wir uns näherten, wie Vögel davonflogen.

Hier fühlten sich nicht nur die Menschen, sondern auch die Geister wohl – die einen genossen, da war kaum eine Täuschung möglich, in der Natur die anderen.[94]

~

Ameisenhochzeit. Unerhörtes Gewimmel, nur zwei Geflügelte waren dabei. Die Massen entströmten Trichtern und erklommen Hügel, die sie aus deren Abraum errichtet hatten – das mochten ihre Teocallis[95] sein.

Als ich nach zwei Stunden wiederkam, fand ich die Stätte – es war unser Treibbeet – verödet: das Fest war verrauscht.[96]

~

Im Garten. Die Seerosen haben sich noch nicht erschlossen, die Schildkröten nicht aus ihrem Häuschen gewagt. Eine Hummel schläft in der ersten Sonnenblume; die Ameisen haben Vorposten aufgestellt. Ich kenne ihre Residenzen – manchmal vergeht ein Jahr, ohne daß sie belebt scheinen, dann überrascht eine Hochzeit über den Ausgängen. Das Getümmel ist lebhafter als auf unseren Jahrmärkten. Die Bauten müssen durch ein System von Kanälen verbunden sein.

~

Wir wissen von diesen Tieren wenig, und was wir zu wissen glauben, ist eher die Spur eines Pfeiles, der durch ihr Wesen hindurchgeschossen ist. Je mehr Intellekt wir an sie verschwenden, desto ähnlicher werden sie unserem Bilde und verlieren am eigenen.[97]

~

Der Mohn, auch in den Früchten magisch: Traumkapseln, die von mattem Grün zu Grau verblassen, Ampeln in dämmrigen Vorzimmern.[98]

~

Die Mutation muß auf den Grund gehen. Erscheint an einem Strauch von roten Rosen eine weiße Blüte, so ist das eine Variante, keine Mutation. Im persönlichen Leben ist ein solcher

Umschlag nicht ungewöhnlich; das Individuum ändert seine Meinung; das besagt nicht mehr, als daß es den Rock wechselt. Es betet an, was es verachtet hat.

Aber: Paulus auf dem Wege nach Damaskus – eine Verwandlung in nuce, keine Bekehrung, wie sie dann Unzähligen widerfuhr. Der Blitz, Zeitloses, das ihn fällte, war ein unmittelbarer und unerklärlicher Treffer: spiritus flat ubi vult.[99]

~

Ein Zierkürbis scheint seinem Namen Hohn zu sprechen durch den Umfang, zu dem er sich vom Komposthaufen her ausbreitet. Dabei schiebt er die dünnen Ranken wie Tastfäden vor. Diese Organe, die Hegi als eine »crux interpretum« bezeichnet, kommen mir wie Spähtrupps vor, die das Gelände erkunden und Fuß fassen, wo sich Widerstand zeigt. Man könnte auch von Sympathie sprechen: sie umarmen einen Zweig oder eine Stange und werden innig – freilich verhärten, verholzen sie dann.[100]

~

Der über die Beete verstreute Dill: eine feinste Versprühung von Grün. Wenn er reift, breitet er einen gelben Schleier über Möhren und Erdbeeren. Ein galantes Kraut: die grünen Spitzen kommen zu den Frühkartoffeln, die gelben Samen für die Gurken zurecht.[101]

~

Die Schwertlilien. Heute – die Mutter wäre an diesem Tage hundertundvier Jahr alt geworden – schlossen sie sich mir auf. Ich bin beim Thema »Sinn und Bedeutung«; bislang hatten sie die Bedeutung, daß sie schön waren. Nun zeigten sie, was die Schönheit verbarg. Es war nur eine, die für die anderen zeugte: für die weißen, blauen und orchideenbunten, auch für alle, die in fernen Sommern verblüht waren. Diese trug ein Kobaltblau, das ich noch nie gesehen hatte; es changierte in ein exquisites Antimonschwarz. Ein atomares Grün war darübergesprüht; Pollen vor dem goldenen Vlies des Kelchgrundes. Turandot wirft

Schleier um Schleier ab, und endlich auch ihre Blöße: das raubt den Freiern den Verstand.[102]

~

Im Garten. Zur Anziehung des Bezüglichen. Der Freund[103] wies mich darauf hin, daß ich auch hinsichtlich der Psychopharmaka Selbstversorger sei. Im Wildgras wächst Mutterkorn, im Samen der Kaiserwinde schlummert narkotische Kraft. Wir ritzten die Kapseln des Schlafmohns an; bald bräunte sich der Milchsaft im Sonnenlicht. Am Abend kostete ich einen einzigen Tropfen und spürte in der Nacht einen Anklang an das spezifische Zeitgefühl. Der Ablauf verzögert sich, als ob man in einen Zug mit Schneckentempo umstiege – »inzwischen« werden Jahrhunderte zurückgelegt. Man blickt auf die Uhr – unglaublich, daß erst Minuten verflossen sind.[104]

~

Im Garten. Bewölkt, doch warm. Am Mittelweg haben die Ameisen nächtlich ein Verkehrsnetz ausgebaut. Drei unterirdische Gänge münden an der Oberfläche, überqueren den Weg und tiefen sich wieder ein. Sie sind zum Teil überdacht. Auf ihnen herrscht reger Betrieb.

Lange hatte ich von der Tätigkeit dieses Volkes, abgesehen von einigen Versprengten, nichts mehr bemerkt, so daß ich es für ausgestorben hielt. Hier wurde es auch nur der Härte des Weges wegen sichtbar, wie auf einer Brücke über dem Styx. Es ist aber ein großes System zu vermuten, das nicht nur ausgebreitet, sondern auch in Etagen gegliedert ist.

Vielleicht sehe ich von der oberirdischen Bewegung, also vor allem vom Einbringen der Nahrung und vom Fortschaffen des Abraums, so wenig, weil sie nächtlich stattfindet. Es könnte auch sein, daß die Tiere nur für den Bedarf sorgen und daß sie, wenn die Speisekammer gefüllt ist, gemütlich ausruhen. Nach la Fontaine sorgen sie für den Winter vor;[105] es könnte aber auch sein, daß die Vorräte für ein volles Jahr ausreichen.

Ob sie dann in ihren Kammern träumen und auch, wenn sie eng zusammen liegen, mit den Fühlern Erinnerungen austauschen, die unseren Gedanken ähnlich sind? Ich bin davon überzeugt. Jedenfalls muß ein Gemeingeist bestehen. Eine solche Anlage wäre sonst unmöglich; sie wächst über Nacht aus dem Boden wie Aladins Palast. Instinkt ist dafür ein zu wohlfeiles Wort.[106]

~

Der Wein an der Laube wird tief kupferrot. Gefüllte Herbstzeitlose aus dem Atlas, dem Libanon. Die Sonnenblumen groß, Tanzböden der Hummeln und Bienen, die trunken darauf herumtaumeln. Wozu noch begatten? Eros unmittelbar.

Zwischen der Arbeit erholt sich der Blick auf den blauen Kelchen, den goldenen Schüsseln – ein so durchwanderter Vormittag wird nicht verloren sein.[107]

~

In der prallen Herbstsonne, während die Admirale fliegen, schneide ich die Tomatenbüsche aus. Das Messer gleitet durch die saftigen Stengel; die Hände imprägnieren sich mit dem herben Duft. Beim Waschen fließt das Wasser dunkelgrün von ihnen ab.[108]

Trotzdem gab es einen prächtigen Herbsttag mit wolkenlosem Himmel und guter Sonne, wenngleich die Kaiserwinden sich nur noch halb öffneten.

Die blauen Astern waren von Blumenfliegen bevölkert, ein Admiral streifte an ihnen entlang. Dann ließ er mir Muße, ihn zu bewundern – das lohnt die Mühe, weil die roten Binden von der Feinstruktur ablenken.

Diesen besonderen Genuß gewährt mir eine neue Optik, dank einem Fernglas, das zugleich als Lupe dient. Ich sehe die Staubgefäße einer Herbstzeitlosen wie die Klöppel eines Glöckchens schwingen, wenn eine Biene in Walnußgröße sie befliegt.[109]

~

Im Garten. Die Nächte werden bereits kühler, so daß am Morgen der Grünkohl silbern beschlagen ist und an den Zäunen die Spinngewebe sich wie Perlenschleier ziehen. Die Schmetterlinge breiten träger, lustvoller die Flügel im Sonnenlicht. Ich sah den Kleinen Fuchs die ziegelroten Schwingen spannen, die feurig durchdrungen sind. Sie ließen mich von einem Lande träumen, dessen Farben auf einen höheren Schlüssel stimmten und dessen Häuser in diesem Feuer auf goldkäfergrünen Weiden leuchteten. Die Farben sind durch unsere Nebelwelt und ihre Melancholie gebrochen, nur ihre Säume tauchen in die Sinnenwelt.[110]

~

Die Chrysanthemen blühen trotz Regen und Nebel fort. Ich war nachmittags im Garten und häufte den Kompost um. Merkwürdig, von welcher präzisen Bewußtseinsaura ein so einfacher Vorgang wie der Flug der mürben Erde umrandet wird. Vorstellungen aus vielen Disziplinen begleiten ihn. Der Geist veranschaulicht die feinen Züge seines Chemismus, seiner Mechanik, seiner Biologie. Ob wir deshalb nun stärker als frühere

Gärtner sind? Ich glaube jedenfalls, daß wir nicht schwächer sind. Es ist unser Stil.[111]

~

Sternklare Nacht. Nach mildem Wetter der erste, nur streifende Bodenfrost. Die Blüten, selbst der Dahlien, blieben noch unberührt. Die Kürbisblätter wurden leicht gekraust.

Die beiden Schildkröten sind aus dem Stroh noch einmal in die Sonne gekrochen, nehmen aber kein Futter mehr an. Die Mauretanierin ist seit langem gestorben; sie hielt sich immer abseits. Krüppelchen ist im Sommer entwichen; ich hoffe immer noch, daß es in einem der Nachbargärten gefunden wird. Das Tierchen zeichnet sich durch seinen Freiheitsdrang aus; es wuchtete sogar, obwohl die Mechanik ihm fremd ist, oft mit dem Buckel an der Gartentür.

Aïscha wärmt sich zum ersten Male wieder auf dem Kamin. Wir fühlen uns selbander wohl.

Die Kaiserwinden öffnen sich nicht mehr. Das Spätgold einer kugelrunden Tagetes übertrifft das der Sonneblume noch. Auf ihr der letzte Admiral. Vielleicht hat jedes Wesen einen Punkt, an dem es sich zu seiner Essenz verdichtet – wenn wir ihn ins Auge fassen, wird das Gewand transparent. Hier könnte es das letzte Fühlerglied sein – ein pulsierendes Weiß am Rande der Sichtbarkeit.[112]

~

Die blaue Wand der Kaiserwinden, von Hummeln beflogen: der Anblick gibt Zuversicht.[113]

~

Der Garten legt verschiedene Gewänder an – jetzt mit den bunten Astern, dem goldenen Ginkgo, der glühenden Felsenbirne und den Herbstzeitlosen; dann geht er schlafen und wacht im Frühling wieder auf.[114]

~

Der erste Frost. Ich sah es an den Dahlien. Trotzdem gewinnt der Garten in den Herbstfarben. Das Gold des Gingko wird heller in der Schmelze, das Weinlaub feuriger.[115]

~

Der Frost ließ bislang kaum Spuren zurück. Das Wuchern der Kapuzinerkresse nimmt ungewöhnliche, tropische Ausmaße an. Es muß, wie raffiniert gemischte Rezepte, die unter hundert Patienten gerade an einem Wunder wirken, so auch Klimakonstellationen geben, die eine bestimmte Pflanze anspornen, während sie andere sogar schädigen. So war dieser Sommer, der mit einer fast katastrophalen Trockenheit begann, den Bohnen, die sonst narrensicher sind, ungünstig.

Die Kapuzinerkresse ist keine eigentliche Schlingpflanze, doch bedarf sie, um hochzukommen, der Anlehnung an Zäune, Hecken oder Gestrüpp. Die Ranken, auch die Blatt- und Blütenstiele, suchen nach Kontakt. Sie umarmen dann mit einer kreisenden Bewegung den Zweig, den Draht oder was sie sonst vorfinden.

Mir fiel auf, daß die etwas überzüchteten Kaktus-Dahlien sich nicht nur durch die feiner zugespitzten Blütenblätter von den gewöhnlichen unterscheiden, sondern daß dieses Muster sich auch in den Knollen wiederholt.[116]

~

In einem Winkel seines Gartens sticht der Gärtner den Kompost um, während der Nebel von den Zweigen tropft. Es riecht nach Moder; der Schimmel beschlägt die toten Äste, der Spaten hebt Knochen aus dem mürben Grund. Aber der Flieder, der im Sommer den Ort beschattet, hat schon Knospen angesetzt; sie schwollen gerade in diesen Tagen rötlich an. In Runen steht dort eingeschrieben, was wiederkehren wird, die Prophezeiung der Maiwunder. Der Feigenbusch an der Südwand trägt bereits Früchte; die kleinen gleichen grünen Knöpfchen, stämmigen Keulen die größeren. Sie werden überwintern und in der Sonne des nächsten Jahres schwellen, bis sie im September süß werden.[117]

~

Grisaille. November naht. Auch die Herbstastern setzen schon braune Köpfe auf. Der Schlaf wird tiefer, das Erwachen noch unfreundlicher als sonst. Im Garten kappte ich die Schnüre, mit denen ich im Mai die Tomaten gestängelt habe, die leider meist grün geblieben sind – Oknos,[118] der Seilflechter.[119]

~

Im Garten, am Feuereck. Der Tannenzweig ist alt und grau geworden: er hat mit anderen den Winter über die Rosen gedeckt. Nun in die Flamme mit ihm! Im Nu beginnen die Nadeln aufzuglühen, und er verwandelt sich in ein Schmuckstück aus Goldfiligran. Kaum habe ich Zeit, das Bild zu fassen, da sinkt er in sich zusammen, und graue Asche zittert am Boden nach.

Grau, Gold, und wieder Grau. Für einen Augenblick hat die Materie ein Fenster geöffnet und einen Schimmer ihrer Macht gezeigt. Wärme kam mit dem Glanze, und Freude auch. Den stillen Lauf des Stromes teilte ein Wasserfall, auf dem ein Regenbogen schimmerte. So kann in einer Ahnenreihe ein Genie erscheinen oder auch ein Untäter. Was ist hier Schuld, was Verdienst?[120]

~

Wieder November; Stauffenbergs Linden ließen über Nacht die Blätter fallen, nur die braunen, geflügelten Samenkapseln haften noch am Geäst. Das Laub der Spalierbirnen vorm Hause glänzt in gelber Lackfarbe. Es ist mit roten und schwarzen Flecken gesprenkelt, die ins Gewebe eingreifen und das Geäder bloßlegen. Besonders schön verfärbt sich alljährlich die Felsenbirne am Gartenzaun. Ein Muster roter Rippen verbreitert sich allmählich, als ob glühende Roste die Blätter und dann den ganzen zierlichen Baum entzündeten.

Im Garten noch letzte Rosen und Chrysanthemen, auch Polster von fremden Herbstzeitlosen und späte, amethystene Krokusse mit spitzen Kelchen, die zarter und vereinzelt blühen. Noch fliegen Bienen die Blüten in der Mittagssonne an, und kleine, braune Schwärmer in der Dämmerung. Gleich vor der Gartentür, herrlich: eine mannshohe Aster mit dichtem lila Schopfe über einem Mantel aus hinsterbendem Gelb. Die Palette von Toulouse-Lautrec.

Auf den Rabatten wird das Blau der Nießwurz dunkler, während die Arten, die im Walde wachsen, grüne Stöße aufsetzen. Die Endivie muß nach dem ersten scharfen Frost die Beete räumen; dagegen gedeihen Rosenkohl und Lauch noch stattlicher. Der Ackersalat hält zuverlässig, die Petersilie nicht immer stand.

Am Morgen ist der Garten silbern, mittags golden, am Abend fällt Nebel ein. Jetzt sollte der Winterschlaf beginnen; man müßte einschneien.[121]

Am Abend, als ich durch die Gärten ging, sah ich in der Dämmerung ein dunkles Wesen über meinen Weg huschen, das vorn am Kopf mit hellen Flügeln flatterte. Erst als es bereits in einer Scheune verschwunden war, begriff ich, daß es sich um eine schwarze Katze gehandelt hatte, die eine schwarze Taube mit weißen Flügeln zwischen den Zähnen trug. Ich hatte eines jener Vexierbilder gesehen, auf denen Lust und Schmerz beinahe ununterscheidbar ineinander eingezeichnet und die im Leben so häufig sind. Wir trennen ihre Linien um so deutlicher, um so gerechter, je höher wir stehen und je mehr Licht um uns webt.[122]

~

Im Garten. Regen war über Nacht gefallen; Nebel hing im Gebüsch. Allein mit dem Laub, den Blumen, den Früchten – dazu schon ein wenig Verfall.[123]

~

Drüben in Stauffenbergs Linde erscheint ein Gesicht, ein jovialer Kopf aus herbstlichen Blättern; der Wind bewegt seinen Mund. Man müßte die Taubstummensprache verstehen.[124]

~

Am Morgen in der Laube eine Zigarette; der Rauch kräuselt sich im Wilden Wein. Ich denke an Ruhland, seine Vorlesung über Pflanzen-Physiologie.[125] Um diese Jahreszeit legen die Ranken nächtlich noch ein gutes Stück zu, obwohl sich schon manche Blätter rot färben. Am Zaun eine verwilderte Königskerze; sie scheint mir außerordentlich hoch. Der Fliederspeer treibt kräftig; ich schneide ihn im Herbst auf Kniehöhe zurück. Vorerst verzaubern ihn Falter zum Kaleidoskop.[126]

~

Letzthin ist alles Wunder; es unterscheidet sich nur nach der Tiefe unseres Einblicks oder der Perspektive, auch nach dem Glücksgefühl. Liebesdienst war und ist vor und in allen Zeiten – – – bevor die Angiospermen[127] blühten, verrichtete ihn der

Wind, der immer noch als archaischer Bote durch Farnwald und Getreidefelder streift.[128]

~

Ich schloß noch einmal den Briefkasten auf, an den ich seit Jahren einen Warnungszettel hefte, weil ein Meisenpärchen sich darin einzurichten pflegt. Ich sah beim ersten Mal nur das Nest; es war verhältnismäßig hoch in dem schmalen Kasten; dann ein grünliches, braun geflecktes Ei, danach deren fünf und endlich die Mutter brütend, fast von der gleichen Farbe wie das moosige Genist. Heut sperrten, als ich öffnete, drei Junge die gelb gerandeten Schnäbel auf. Gott schütz euch, auf Wiedersehn.[129]

ANMERKUNGEN

Die Zitation folgt der Leinen-Ausgabe der Sämtlichen Werke Ernst Jüngers in 22 Bänden.

EINLEITUNG

1 »Je militanter sich die Revolte gestaltete, je mehr der ›Kämpfer‹, der ›Fighter‹ in den Vordergrund trat, desto sinnfälliger wurden die Parallelen. Später, als längst die ›Subjektivität‹, die ›Politik der ersten Person‹ angesagt war, da las man wiederum Ernst Jünger, diesmal den Drogen-Jünger. Und noch später, als der Klassenkampf endgültig Don Juan oder fernöstlicher Erleuchtung gewichen war, da starrte das neulinke Dritte Auge auf den kosmischen Jünger, von Jüngers Affinität zur vorindustriellen Welt und seiner Zivilisationskritik ganz zu schweigen«, zitiert nach: Malte Herwig, »In Papiergewittern«, in: Der Spiegel 40/2007.

2 Edward O. Wilson, »Biophilia«, Cambridge 1984.

3 SV II, SW 5, S. 441.

HEIMATORTE, SPAZIERGÄNGE

1 »Weben« hier in dichterischer Bedeutung als »sich regen«.

2 SV IV, SW 21, 149 (Wilflingen, 5. Mai 1987).

3 Ernst Jüngers Vater kaufte 1901 in Schwarzenberg im Erzgebirge eine Apotheke. Jünger lebte dort bei seiner Familie 1902 und 1904.

4 Der Rockelmann ist ein ungefähr 580 Meter hoher Berg im Südwesten von Schwarzenberg.

5 SV III, SW 20, 539 (Wilflingen, 28. August 1985).

6 Zwischen 1908 und 1919 lebte die Familie Jünger in Rehburg westlich vom Steinhuder Meer.

7 SJ, SW 10, 66f. (ohne Datum).

8 Edmund Reitter (1845-1920) war ein österreichischer Entomologe. Sein Hauptwerk ist die fünfbändige »Fauna Germanica. Die Käfer des Deutschen Reichs«, Stuttgart 1908-1916.

9 Cicindela ist eine Gattung aus der Unterfamilie der Sandlaufkäfer (Cicindelinae). Dieser Unterfamilie galt Jüngers gesteigertes entomologisches Interesse. Vgl. auch S. 66-86 und 136-144 in: »Subtile Jagden«, SW 10, Stuttgart 1980.

10 SJ, SW 10, 68-73 (o. D.).

11 IST, SW 1, 151 (o. D.).

12 Kahl- oder Barfrost: Frost in Bodennähe.

13 Der Betzenhart ist eine nordwestlich von Wilflingen gelegene Gemarkung, ein bevorzugtes Ziel für die Spaziergänge Ernst Jüngers.

14 SV V, SW 22, 108 (Wilflingen, 16. Januar 1993).
15 SV II, SW 5, 441 (Wilflingen, 25. Januar 1979).
16 Der »Sonntag invocavit« ist der 9. Februar, der erste Sonntag der Passionszeit. »Invocavit«, lat. »Er hat gerufen«, bezieht sich auf Psalm 91,15: »Er ruft mich an, darum will ich ihn erhören [= et ego exaudiam ego]; [...]«. Das Fragezeichen stammt freilich von Jünger.
17 Überhälter sind einzelne, ausgewachsene Bäume, deren Krone sich deutlich über die sie umgebende Gehölzvegetation erhebt.
18 Heinrich Seidel (1842-1906) war ein deutscher Schriftsteller, dessen Buch »Leberecht Hühnchen«, entstanden zwischen 1880 und 1893, vom einfachen Glück eines Menschen berichtet und seinerzeit einen enormen Erfolg hatte.
19 SV IV, SW 21, 19 (Wilflingen, 16. Februar 1986).
20 Gegenüber der von Jünger bewohnten Oberförsterei befindet sich das Stauffenberg'sche Schloss, vor dem zwei alte Linden stehen.
21 SV IV, SW 21, 21f. (Wilflingen, 18. März 1986).
22 Liselotte Jünger, geborene Bäuerle (1917-2010), war seit März 1962 mit Ernst Jünger verheiratet. Sie war seine zweite Frau.
23 Der Tautschbuch (oder Teutschbuch) ist ein bewaldeter Höhenzug am Südrand der Schwäbischen Alb.
24 SV IV, SW 21, 140 (Wilflingen, 27. Januar 1987).
25 SV II, SW 5, 165 (Wilflingen, 11. März 1974).
26 GS, SW 2, 116 (Auwaldhütte, 28. März 1940).
27 SV IV, SW 21, 144 (Wilflingen, 25. März 1987).
28 SV IV, SW 21, 145 (Wilflingen, 2. April 1987).
29 Ital., »nackte, rohe Erde«.
30 KB, SW 3, 388 (Kirchhorst, 21. März 1945).
31 SJ, SW 10, 53 (o. D.).
32 Wissenschaftlicher Name für »Wegameisen«.
33 Claviger: Gattung der Keulenkäfer. Viele Claviger-Arten leben in und ernähren sich von Ameisennestern.
34 SV 1, SW 4, 15f. (Wilflingen, 27. April 1965).
35 ZPT, SW 3, 202 (Paris, 28. Dezember 1943).
36 GS, SW 2, 199 (Les Tallans, 3. Juli 1940).
37 KA, SW 2, 416 (Lötzen, 19. November 1942).
38 GS, SW 2, 29 (Kirchhorst, 5. April 1939).
39 EPT, SW 2, 327 (Kirchhorst, 9. Mai 1942).
40 HiW, SW 3, 528f. (Kirchhorst, 2. September 1945).
41 HiW, SW 3, 633f. (Kirchhorst, 13. März 1947).
42 SV IV, SW 21, 11 (Wilflingen, 10. Januar 1986).
43 Hermann Löns (1866-1914), deutscher Natur- und Heimatdichter, dessen Landschaftsideal die Heide war.
44 HiW, SW 3, 538f. (Kirchhorst, 14. September 1945).

45 SV III, SW 20, 502 (Wilflingen, 4. April 1985).
46 SV IV, SW 21, 25 (Wilflingen, 30. März 1986).
47 GS, SW 2, 233 (Saint-Michel, 13. April 1941).
48 SV V, SW 22, 34 (Wilflingen, 8. Juni 1991).
49 Siedlung nördlich von Kirchhorst.
50 HiW, SW 3, 458 (Kirchhorst, 28. Mai 1945).
51 SV II, SW 5, 312 (Wilflingen, 25. Mai 1977).
52 Waldstück zwischen Isernhagen und Kirchhorst.
53 HiW, SW 3, 503 (Kirchhorst, 8. August 1945).
54 SV IV, SW 21, 87 (Kuala Lumpur, 3. Mai 1986).
55 Billafingen ist ein schwäbisches Dorf in der Nähe von Wilflingen.
56 SV IV, SW 21, 320 (Wilflingen, 12. August 1988).
57 SV II, SW 5, 49 (Wilflingen, 23. Juli 1971).
58 Hydrophilidae: Wasserkäfer.
59 GS, SW 2, 34 (Kirchhorst, 10. April 1939).
60 EPT, SW 2, 326 (Kirchhorst, 22. April 1942).
61 FUB, SW 1, 442 (o. D.).
62 »Hämpfeli«: alemannisch für »eine Handvoll«.
63 SV I, SW 4, 382 (Wilflingen, 22. Juli 1967).
64 SV V, SW 22, 81f. (Wilflingen, 19. Juli 1992).
65 SV I, SW 4, 497 (Wilflingen, 7. Juli 1968).
66 SV IV, SW 21, 445 (Wilflingen, 26. Juni 1990).
67 Die Hallimasche oder Honigpilze (Armillaria) sind eine Pilzgattung.
68 Keltische Höhensiedlung bei Wilflingen.
69 SV IV, SW 21, 478 (Wilflingen, 26. November 1990).
70 SV IV, SW 21, 117f. (Wilflingen, 4. Oktober 1986).
71 »Die Läusesucherinnen«, entstanden 1871.
72 ZPT, SW 2, 185 (Vaux-les-Cernay, 31. Oktober 1943).
73 Orte nordöstlich von Hannover.
74 HiW, SW 3, 529 (Kirchhorst, 3. September 1945).
75 Siedlung, nördlich an Lohne anschließend.
76 GS, SW 2, 52f. (Kirchhorst, 19. Juni 1932).
77 HiW, SW 3, 501f. (Kirchhorst, 5. August 1945).
78 Ort östlich von Kirchhorst.
79 Magdalis armigera, der Ulmen-Zweigrüssler.
80 Die Laemophloeidae (Halsplattkäfer) sind kleine bis sehr kleine, meist abgeplattete Arten. Sie leben räuberisch unter Rinde oder an trockenen Zweigen.
81 Der Eichensplintkäfer (Scolytus intricatus) ist ein Rüsselkäfer aus der Unterfamilie der Borkenkäfer (Scolytinae).
82 Der Binden-Baumschwammkäfer (Litargus connexus) ist ein Käfer aus der Familie der Baumschwammkäfer (Mycetophagidae).
83 GS, SW 2, 51f. (Kirchhorst, 26. Mai 1939).

84 SV III, SW 20, 391 (Wilflingen, 18. Juli 1984).
85 GS, SW 2, 131 (Friedsrichstal, 28. April 1940).
86 SV I, SW 4, 222 (Wilflingen, 20. November 1965).
87 Burg Schatzberg, Ruine bei Wilflingen.
88 SV III, SW 20, 472 (Wilflingen, 30. Dezember 1984).
89 SV IV, SW 21, 330 (Wilflingen, 12. November 1988).
90 Kosename für Jüngers zweite Frau Liselotte, die im Tierkreiszeichen des Stiers geboren wurde.
91 SV I, SW 4, 237 (Wilflingen, 4. Januar 1966).
92 Gutshof des Baron von Stauffenberg bei Wilflingen.
93 Veraltet: Stelle im Wald, an der Holz geschlagen wird.
94 SV I, SW 4, 230f. (Wilflingen, 19. Dezember 1965).
95 Die Skabiosen sind eine Pflanzengattung aus der Unterfamilie der Kardengewächse innerhalb der Familie der Geißblattgewächse.
96 Glockenblume.
97 Die Hörselberge sind ein Höhenzug nahe Eisenach in Thüringen.
98 SV I, SW 4, 569f. (Wilflingen, 13. Juni 1969).
99 SV V, SW 22, 161 (Wilflingen, 12. Dezember 1994).
100 SV V, SW 22, 158 (Wilflingen, 16. September 1994).
101 Ernst Jüngers Sohn Ernst(el) wurde am 1. Mai 1926 geboren und fiel am 29. November 1944 bei Carrara, Italien.
102 SV I, SW 4, 18f. (Wilflingen, 1. Mai 1965).
103 HiW, SW 3, 509 (Kirchhorst, 18. August 1945).
104 SV I, SW 4, 282 (Wilflingen, 9. August 1966).
105 Dr. Inge Dahm (1920–2002), engste Freundin von Liselotte Jünger.
106 SV III, SW 20, 133f. (Wilflingen, 14. April 1982).
107 SV II, SW 5, 519 (Wilflingen, 18. September 1979).
108 KB, SW 3, 309 (Kirchhorst, 6. Oktober 1944).
109 SV III, SW 20, 88 (Wilflingen, 16. Oktober 1981).
110 SV I, SW 4, 283 (Wilflingen, 12. September 1966).
111 Ende Juni 1798 sandte Hölderlin, zusammen mit anderen Gedichten, eine vierstrophige Fassung des Gedichts »Dem Sonnengott« an Friedrich Schiller, der einige dieser Poeme in seinen Musenalmanach für das Jahr 1799 aufnahm, nicht aber dieses. Hölderlin arbeitete das Gedicht daraufhin zum zweistrophigen »Sonnenuntergang« um: »Wo bist du? trunken dämmert die Seele mir/Von aller deiner Wonne; denn eben ist's,/Daß ich gelauscht, wie, goldner Töne/Voll, der entzückende Sonnenjüngling//Sein Abendlied auf himmlischer Leier spielt';/Es tönten rings die Wälder und Hügel nach./Doch fern ist er zu frommen Völkern,/Die ihn noch ehren, hinweggegangen«; zitiert nach: Friedrich Hölderlin, Sämtliche Werke und Briefe, herausgegeben von Günther Mieth, München 1984, Bd. 1, S. 224.
112 SV II, SW 5, 529f. (Wilflingen, 14. Oktober 1979).
113 SV III, SW 20, 551 (Wilflingen, 21. Oktober 1985).

114 »Das Gold in seinem ganz ungemischten Zustande gibt uns, besonders wenn der Glanz hinzukommt, einen neuen und hohen Begriff von dieser Farbe; so wie ein starkes Gelb, wenn es auf glänzender Seide, z. B. auf Atlas erscheint, eine prächtige und edle Wirkung tut«, J. W. von Goethe, »Farbenlehre«, in: Hamburger Ausgabe, Bd. 13, S. 495f.
115 Dorf bei Wilflingen.
116 Französischer Maler (1840-1916) des Symbolismus.
117 Nach Odilon Redon, »Selbstgespräch. Tagebücher und Aufzeichnungen 1867-1915«, herausgegeben und übertragen von Marianne Türoff, München 1971, S. 25.
118 SV II, SW 5, 352 (Wilflingen, 2. November 1977).
119 »Oblomow« ist ein 1859 erschienener Roman des russischen Schriftstellers Iwan Gontscharow (1812-1891). Die Faulheit des Titelhelden ist sprichwörtlich.
120 SV III, SW 20, 91 (Wilflingen, 20. Oktober 1981).
121 KA, SW 2, 411 (Kirchhorst, 6. November 1942).
122 »Mouches volantes« (französisch: »fliegende Mücken«) oder »Glaskörperflocken« sind kleine, fast durchsichtige Punkte oder fadenartige Strukturen im menschlichen Gesichtsfeld, die sich huschend mit der Blickrichtung verschieben.
123 SV IV, SW 21, 393 (Wilflingen, 3. Januar 1990).
124 Burg zwischen Wilflingen und Langenenslingen.
125 SV I, SW 4, 211 (Wilflingen, 13. Oktober 1965).
126 Anspielung auf den Zeichner und Autor Alfred Kubin (1877-1959), mit dem Jünger befreundet war.
127 SV IV, SW 21, 17 (Wilflingen, 20. Januar 1986).
128 »Er empfahl sich durch eine reine Gemütlichkeit, und ein unverkennbar entschiedner Charaker erwarb ihm Zutrauen«, J. W. v. Goethe, »Aus meinem Leben. Dichtung und Wahrheit«, in: Johann Wolfgang von Goethe, Werke. Hamburger Ausgabe, Bd. 10, S. 12.
129 SV I, SW 4, 550 (Wilflingen, 12. Dezember 1968).
130 Großer Stadtwald in Hannover.
131 SV IV, SW 21, 233f. (Wilflingen, 7. November 1987).
132 SV III, SW 20, 257 (Wilflingen, 20. Februar 1983).
133 SV III, SW 20, 14f. (Wilflingen, 28. Januar 1981).
134 SV IV, SW 21, 20 (Wilflingen, 16. Februar 1986).
135 SV IV, SW 21, 261 (Wilflingen, 12. Januar 1988).
136 SV III, SW 20, 567 (Wilflingen, 17. November 1985)
137 SV V, SW 22, 78 (Wilflingen, 1. Juni 1992).
138 SV V, SW 22, 48 (Wilflingen, 11. September 1991).
139 GS, SW 2, 87 (Schilfhütte, 25. Dezember 1939).
140 Im Tagebuch vermerkt Jünger zu diesem Absatz: »(Gestrichen aus dem Text der ›Zwille‹, weil es die Handlung unterbrach.)«
141 SV II, SW 5, 98 (Wilflingen,28. September 1972)

AM MITTELMEER

1 Ernst Jünger – Joseph Wulf, »Der Briefwechsel 1962-1974«. Herausgegeben von Anja Keith und Detlev Schöttker, Frankfurt a. M. 2019, S. 36.
2 AS, SW 6, 274 (Illador, 22. Mai 1954).
3 Der Clivus victoriae ist einer der vier Zugänge auf den römischen Palatin.
4 SV I, SW 4, 410 (Rom, 27. März 1968).
5 SV I, SW 4, 407 (Rom, 23. März 1968).
6 Ein botanischer Garten im südfranzösischen Antibes.
7 VA, SW 6, 401f. (o. D.).
8 SV I, SW 45f. (An Bord, 25. Juni 1965).
9 SV I, SW 4, 56 (An Bord, 30. Juni 1965).
10 Der Philosoph Hugo Fischer (1897-1975). Von Ernst Jünger bezog Hugo Fischer seine »noms de guerre«: »Magister«, »Magus« (in Erinnerung an Johann Georg Hamann) und »Nigromontan«.
11 Eine Stadt in der Provinz Trapani in der Region Sizilien.
12 ADGM, SW 6, 91 (Mondello, 18. April 1929).
13 SV II, SW 5, 407 (San Pietro, 9. September 1978).
14 ADGM, SW 6, 103 (Mondello, 28. April 1929).
15 ADGM, SW 6, 99f. (Mondello, 26. April 1929).
16 Joris-Karl Huysmans (1848-1907) war ein von Jünger sehr geschätzter französischer Schriftsteller der Jahrhundertwende, in dessen Roman »À rebours« (»Gegen den Strich«, EA 1884) der französische Adlige Jean Floressas Des Esseintes sich ein künstliches Reich aufbaut.
17 DA, SW 6, 22f. (o. D.).
18 Ein Berg in der Nähe von Palermo.
19 ADGM, SW 6, 101 (Mondello, 27. April 1929).
20 ADGM, SW 6, 96f. (Mondello, 24. April 1929).
21 AF, SW 6, 154 (Rio, 21. November 1936).
22 AF, SW 6, 133 (Santos, 16. November 1936).
23 DA, SW 6, 19 (o. D.).
24 Gemeinde im südlichen Sardinien.
25 HS, SW 6, 458f. (o. D.).
26 Der Tivoli-Konzertgarten war eine prächtige Terrassenanlage in Hannover, mit Springbrunnen, Holzbauten und Illumination. Die Gala-Festbeleuchtung war mit 40.000 Gasglühlampen ausgestattet.
27 Kürbisgewächse.
28 SV II, SW 5, 197 (Alanya, 20. September 1974).
29 VA, SW 6, 405 (o. D.).
30 HS, SW 6, 457f. (o. D.).
31 Die Japanische Wollmispel (Eriobotrya japonica) ist eine Pflanzenart aus der Gattung der Wollmispeln. Sie ist auch als Japanische Nespolo bekannt.
32 AS, SW 6, 223f. (Illador, 7. Mai 1954).

33 Der Kapitän Bohrer, ein alter k. u. k. Seeoffizier, war Jüngers Wirt in Korčula.
34 DA, SW 6, 16f. (o. D.).
35 DA, SW, 6, 25 (o. D.).
36 EI, SW 6, 210 (Rhodos, 7. Mai 1938).
37 Flusstal auf Rhodos.
38 SV III, SW 20, 74 (Rhodos, 8. Juni 1981).
39 Nach griech. Παρδαλωτός, »gepardelt, getigert, wie ein Panther gefleckt«.
40 EI, SW 6, 203f. (Rhodos, 1. Mai 1938).
41 Lucius Apuleius (um 123-170), römischer Schriftsteller, dessen Roman »Metamorphosen« auch als »Der goldene Esel« bekannt ist.
42 DA, SW 6, 30f. (o. D.).
43 Synonym für Eidechse (Zauneidechse oder Lacerta agilis); ein für Jünger typischer Goetheismus
(vgl. Goethes Gedicht »Wer Lazerten geseh'n…«, aus den »Venezianischen Epigrammen« von 1790. Goethe vergleicht die venezianischen Prostituierten hier mit »Lazerten«).
44 Ein silberglänzendes, sprödes Halbmetall.
45 Francesco Cetti (1726-1778), »Storia naturale di Sardegna«, 4 Bände, Sassari 1774–1778; deutsch: Leipzig 1783-1784.
46 SJ, SW 10, 202 (o. D.).
47 Ein Vorort von Palermo.
48 ADGM, SW 6, 92 (Mondello, 20. April 1929).
49 AS, SW 6, 237 (Illador, 8. Mai 1954).
50 AS, SW 6, 253 (Illador, 12. Mai 1954).
51 Eine Art der Wollhaarkäfer.
52 Wolfsmilchgewächse.
53 ADGM, SW 6, 92f. (Mondello, 21. April 1929).
54 Die Familie der Prachtkäfer.
55 ADGM, SW 6, 105 (Mondello, 30. April 1929).
56 AS, SW 6, 312 (Illador, 31. Mai 1954).
57 Giacomo Barozzi da Vignola (1507-1573) war ein italienischer Architekt des 16. Jahrhunderts. Zu seinen Hauptwerken zählt die Jesuiten-Kirche Il Gesù in Rom.
58 »Journal du voyage de Michel de Montaigne en Italie par la Suisse & l'Allemagne en 1580 et 1581«, Rom und Paris 1774.
59 SV I, SW 4, 414f. (Rom, 1. April 1968).
60 Hier liegt wahrscheinlich eine Verwechslung Jüngers vor. Vom Bildhauer und Grafiker Gerhard Marcks (1889-1981) ist keine Arbeit zu Vergils »Georgica« bekannt. Jünger bezieht sich hier möglicherweise auf Aristide Maillols Holzschnittserie zu den »Georgica«, die ab 1937 entstand und die jenen »Plastischen Geist« widerspiegelt, von dem Jünger hier spricht. Dank an Dr. Arie Hartog vom Gerhard-Marcks-Haus, Oldenburg.

61 SV I, SW 4, 453f. (Elba, 1. Mai 1968).
62 SJ, SW 10, 40 (o. D.).
63 Paul Schetty betrieb ab 1934, ab 1941 bis 1961 zusammen mit seiner Frau Megot Schetty den Schlangenpark Maggia im Tessin.
64 AS, SW 6, 295-299 (Illador, 27. Mai 1954).
65 DA, SW 6, 20f. (o. D.).
66 SV III, SW 20, 354 (Santorin, 16. Mai 1984).
67 ST, SW 12, 311 (o. D.).
68 SV I, SW 4, 579 (Agadir, 18. Oktober 1969).
69 SV IV, SW 7, 153f. (Samos, abends [17. Mai 1987]).
70 DA, SW 6, 22 (o. D.).
71 VA, SW 6, 400f. (o. D.).
72 AS, SW 6, 261f. (Illador, 17. Mai 1954).
73 Ortschaft bei Villasimus im südöstlichen Sardinien.
74 ST, SW 12, 323 (o. D.).
75 SV I, SW 4, 250 (Porto, 31. Mai 1966).
76 SV II, SW 5, 17 (Stalís, 27. April 1971).
77 Anton Birlinger, »Schwäbisch-Augsburgisches Wörterbuch«, München 1864, S.349: »Narrenfarbe, blau und grün zusamen«.
78 SV II, SW 5, 23 (Stalís, 1. Mai 1971).
79 »Cestino«, ital. »Korb«.
80 »Capodoglio«, ital. »Pottwal«.
81 SJ, SW 10, 206-208 (o. D.).
82 Marcus Vitruvius Pollio war ein römischer Architekt und Architekturtheoretiker des 1. Jahrhunderts v. Chr.
83 Trachyt (von griech. τραχύς, »rau«) ist ein vulkanisches Gestein.
84 Der Bordelumer Pastor Jürgen Spanuth vermutete Reste der von Platon geschilderten Königsburg der Atlanter an jener Untiefe, fünf Seemeilen nordöstlich von Helgoland, die die Helgoländer den »Steingrund« nennen. Vgl. ders., »Das enträtselte Atlantis«, Stuttgart 1953.
85 Nicht nachweisbar; vielleicht Bildung auf »murs«, niederdt. »entzwei, zerrissen«.
86 SJ, SW 10, 213f. (o. D.).
87 »Dies ater« (lat., »schwarzer Tag«) bezeichnet einen Kalendertag, an dem mit Unglück zu rechnen ist oder an dem ein Unglück geschah.
88 SJ, SW 10, 226-229 (o. D.).
89 An der Ostküste von San Pietro.
90 Meist als Calomera littoralis littoralis bekannt: ein in Südeuropa vorkommender Sandlaufkäfer.
91 Nicht nachweisbar.
92 »Camera della morte«: ein auf vier Seiten hochgezogenes Netz, in dem die Thunfische gefangen werden.
93 SJ, SW 10, 88-92 (o. D.).

94 DA, SW 6, 15 (o. D.).
95 SV II, SW 5, 31 (Stalís, 8. Mai 1971).
96 8. Mai 1787, Hamburger Ausgabe, Bd. 11, S. 300 f.
97 AF, SW 6, 178f. (An Bord, 10. Dezember 1936).
98 AF, SW 6, 180f. (An Bord, 10. Dezember 1936).
99 SV I, SW 4, 203 (An Bord, 15. September 1965).
100 SV II, SW 5, 228f. (Agadir, 3. Juni 1975).
101 SV II, SW 5, 245 (Wilflingen, 20. Juni 1975).

INSELN

1 SV III, SW 20, 15 (Wilflingen, 28. Januar 1981).
2 »Odysee« 9,21.
3 SV II, SW 5, 14 (Im Flugzeug, 23. April 1971).
4 SV II, SW 5, 475 (Mykene, 4. Mai 1979).
5 SV II, SW 5, 346 (Taormina, 29. September 1977).
6 Eine kroatische Insel in der Adria.
7 Wilhelm von Tegetthoff (1827-1871) war Vizeadmiral und Kommandant der österreichisch-ungarischen Kriegsmarine. Er siegte im »Dritten italienischen Unabhängigkeitskrieg« am 20. Juli 1866 in der Seeschlacht von Lissa über die italienische Flotte.
8 So paradigmatisch im Hexameter-Gedicht »Der Archipelagus« (1800/1801).
9 DA, SW 6, 35 (o. D.).
10 Die Eindrücke dieser Reise schilderte Ernst Jünger in seiner »Atlantischen Fahrt«, erschienen 1947.
11 Der Pico del Teide (3715 m) ist die höchste Erhebung auf der Kanareninsel Teneriffa und der höchste Berg Spaniens.
12 Im Jahre 1799 brach Alexander von Humboldt im Auftrag der spanischen Krone zu einer Forschungsreise nach Südamerika auf (1799–1804), wobei er einen einwöchigen Zwischenstopp auf Teneriffa einlegte, bevor er den Atlantik überquerte. Am 20. Juni 1799 brach Humboldt mit einem Führer zum Pico del Teide auf. Vgl. Alexander von Humboldt, »Reise in die Aequinoctial-Gegenden des neuen Kontinents in den Jahren 1799, 1800, 1801, 1802, 1803 und 1804«, Stuttgart 1815, S. 145ff.
13 SV I, SW 4, 307f. (An Bord, 22. Oktober 1966).
14 Jakob Böhme (1575-1624) war ein deutscher Mystiker und Philosoph, der für Jünger eine wichtige Rolle spielte (vgl. »Das Abenteuerliche Herz«, erste Fassung, SW 9, S. 35). Böhme hatte beim Anblick eines zinnernen Gefäßes eine mystische Gottesschau.
15 MY, SW 6, 60 (Eidsbygda, 29. Juli 1935).
16 SV I, SW 4, 258f. (Porto, 4. Juni 1966).
17 Eine brasilianische Inselgruppe im Atlantik.
18 Sowohl Portugal als auch Brasilien nutzten die Insel als Strafkolonie.

19 AF, SW 6, 165f. (An Bord, 30. November 1936).
20 SV I, SW 4, 135 (Kaohsiung, 13. August 1965).
21 SV I, SW 4, 71 (An Bord, 16. Juli 1965).
22 SV I, SW 4, 172 (An Bord, 4. September 1965).
23 Die Schönechsen sind eine Gattung der Agamen und können wie Chamäleons die Farbe wechseln.
24 SV I, SW 4, 183f. (An Bord, 11. September 1965).
25 »Straits settlements«: die britischen Kolonien an der Straße von Malakka.
26 Das Pelagial (griech. πέλαγος pélagos, »Meer«) wird bei Seen und dem Meer der uferferne Freiwasserbereich oberhalb der Bodenzone genannt.
27 Der Krakatau ist ein Vulkan in der Sundastraße zwischen den indonesischen Inseln Sumatra und Java.
28 SJ, SW 10, 132f. (o. D.).
29 Die Lassithi-Hochebene ist die größte Hochebene auf Kreta.
30 Affodill (Asphodelus) ist eine Pflanzengattung in der Unterfamilie der Affodillgewächse.
31 Der Riesenfenchel.
32 SV II, SW 5, 23f. (Stalís, 4. Mai 1971).
33 Inselchen nahe der sardischen Insel San Pietro.
34 SV II, SW 5, 398f. (Carloforte, 1. September 1978).
35 Ernst Jüngers Buch »An der Zeitmauer« erschien 1959.
36 Georges Cuvier (1769-1832) war ein französischer Naturforscher. Er gilt als der bekannteste Verfechter des Katastrophismus (»Kataklysmentheorie«), demzufolge in der Erdgeschichte immer wiederkehrende Katastrophen einen Großteil der Lebewesen vernichten und aus den verbliebenen Arten neues Leben entsteht (»Discours sur les Révolutions de la surface du Globe, et sur les changements qu'elles ont produits dans le règne animal«, Paris 1825).
37 Surt oder Surtur (altnordisch Surtr, »der Schwarze«) ist in der nordischen Mythologie ein Feuerriese und ein Feind der Asen. Er schleudert Feuer in alle Richtungen und vernichtet im Weltenbrand alles Leben.
38 Wigrid ist die Ebene, auf der nach der Vorstellung der nordischen Mythologie der Endkampf (»Ragnarök«) zwischen Riesen und Göttern ausgetragen wird.
39 Die Einherjer sind in der nordischen Mythologie die gefallenen Krieger, die von den Walküren vom Schlachtfeld zum Heervater Odin nach Walhall geführt werden und dort sorgenfrei im Kriegerparadies leben.
40 Die Midgardschlange ist in der germanischen Mythologie eine die Welt umspannende Seeschlange, die im Urozean lebt.
41 »Heimskringla«, Ynglinga saga, Kapitel 7, Snorris Königsbuch, übers. u. hrsg. v. Felix Niedner, Bd. 1, Köln 1965, S. 32.
42 SV II, SW 5, 408f. (San Pietro, 10. September 1978).
43 Tenebrionidae sind die Schwarzkäfer.
44 SV II, SW 5, 454 (Cape Mount, 12. März 1979).

45 AS, SW 6, 302 (Illador, 28. Mai 1954).
46 SJ, SW 10, 82 (o. D.).
47 Die Figur eines Totengräbers in einem Abschnitt der »Subtile Jagden«.
48 SJ, SW 10, 84 (o. D.).
49 Nicht nachweisbar. Vielleicht nach Jean-Baptiste Reboul, »La Cuisinière provençale«, Marseille 1897.
50 SJ, SW 10, 95 (o. D.).
51 AS, SW 6, 225 (Illador, 7. Mai 1954).
52 Im zweiten Teil des »Don Quijote« von Cervantes (1615) wird Sancho Panza zum Statthalter einer Insel ernannt und fällt in dieser Stellung salomonische Urteile.
53 SP, SW 6, 327f. (o. D.).
54 SJ, SW 10, 129f. (o. D.).

STILLLEBEN

1 EPT, SW 2, 353 (Paris, 24. Juli 1942).
2 SV III, SW 20, 203 (Wilflingen, 5. November 1982).
3 SV III, SW 20, 449 (Wilflingen, 22. Oktober 1984).
4 SV IV, SW 21, 147f. (Wilflingen, 28. April 1987).
5 EPT, SW 2, 346 (Paris, 16. Juli 1942).
6 Vgl. das entsprechende einleitende Stück »Die Tigerlilie« aus der zweiten Fassung des »Abenteuerlichen Herzens« (1938): »Lilium Tigrinum. Sehr stark zurückgebogene Blütenblätter von einem geschminkten, wächsernen Rot, das zart, aber von hoher Leuchtkraft und mit zahlreichen Makeln gesprenkelt ist. Diese Makeln sind in einer Weise verteilt, die darauf schließen lässt, dass die lebendige Kraft, die sie erzeugt, allmählich schwächer wird. So fehlen sie an der Spitze ganz, während sie in der Nähe des Kelchgrundes so kräftig hervorgetrieben sind, dass sie wie auf Stelzen auf hohen, fleischigen Auswüchsen stehen. Staubgefäße von der narkotischen Farbe eines dunkelrotbraunen Sammets, der zu Puder zermahlen ist. Im Anblick erwächst die Vorstellung eines indischen Gauklerzeltes, in dessen Inneren eine leise, vorbereitende Musik erklingt«; zitiert nach: SW 9, S. 179.
7 EPT, SW 2, 353 (Paris, 25. Juli 1942).
8 HiW, SW 3, 458 (Kirchhorst, 28. Mai 1945).
9 SV I, SW 4, 28 (Wilflingen, 31. Mai 1965).
10 Phytoecia ist eine Gattung von Bockkäfern der Unterfamilie Lamiinae.
11 SV IV, SW 7, 165f. (Samos, 26. Mai 1987).
12 HiW, SW 3, 531 (Kirchhorst, 6. September 1945).
13 KB, SW 3, 383 (Kirchhorst, 15. März 1945).
14 AF, SW 6, 165 (An Bord, 28. November 1936).
15 SV IV, SW 7, 141 (Wilflingen, 10. Februar 1987).
16 KB, SW 3, 374 (Kirchhorst, 23. Februar 1945).

17 ZPT, SW 3, 180 (Paris, 23. Oktober 1943).
18 HiW, SW 3, 617 (Kirchhorst, 1. Mai 1946).
19 Johann Joachim Kändler (1706-1775) war ein bedeutender Porzellanplastiker und –gestalter der Meissener Porzellanmanufaktur.
20 Der schwedische Naturforscher Carl von Linné (1707-1778) berichtet, dass er mit einer Erdbeerkur seine Gicht geheilt habe.
21 Im Gehen.
22 SV II, SW 5, 48 (Wilflingen, 25. Juni 1971).
23 ZPT, SW 3, 27 (Moisson, 23. März 1943).
24 SV I, SW 4, 309 (An Bord, 22. Oktober 1966).
25 SV I, SW 4, 98 (Manila, 25. Juli 1965).
26 KB, SW 3, 395 (Kirchhorst, 6. April 1945).
27 SV II, SW 5, 36 (Stalís, 12. Mai 1971).
28 Helen Adams Keller (1880-1968) war eine taubblinde amerikanische Schriftstellerin.
29 SV II, SW 5, 11f. (Wilflingen, 18. April 1971).
30 SV V, SW 22, 201 (Wilflingen, 9. Oktober 1995).
31 SV IV, SW 7, 118f. (Wilflingen, 5. Oktober 1986).
32 Gravelotte ist eine Gemeinde in Lothringen, die sowohl im Deutsch-Französischen Krieg von 1870/71 als auch im Ersten Weltkrieg zum Kriegsschauplatz wurde.
33 IST, SW 1, 191 (o. D.).
34 Strudelwürmer.
35 EPT, SW 2, 386 (Paris, 30. September 1942).
36 SV III, SW 20, 70 (Im Flugzeug, 2. Juni 1981).
37 AS, SW 6, 247f. (Illador, 7. Mai 1954).
38 Meerbarbe.
39 ADGM, SW 6, 94 (Mondello, 22. April 1929).
40 Goldbrasse.
41 ADGM, SW 6, 103 (Mondello, 28. April 1929).
42 SV V, SW 22, 24 (Wilflingen, 8. März 1991).
43 Dorsch.
44 MY, SW 6, 58 (Eidsbygda, 29. Juli 1935).
45 SP, SW 6, 357f. (o. D.).
46 AH 1, SW 9, 62 (o. D.).
47 HiW, SW 3, 559f. (Kirchhorst, 30. September 1945).
48 SV V, SW 22, 79 (Wilflingen, 12. Juni 1992).
49 EI, SW 6, 215 (Rhodos, 13. Mai 1938).
50 SV V, SW 22, 52 (Wilflingen, 3. Oktober 1991).
51 SJ, SW 10, 263 (o. D.).
52 SV V, SW 22, 111 (Wilflingen, 7. Februar 1993).
53 Eine von Jüngers Katzen.
54 SV V, SW 22, 607 (Wilflingen, 3. April 1993).

55 SV III, SW 20, 10 (Wilflingen, 6. Januar 1981).
56 EPT, SW 2, 353 (Paris, 24. Juli 1942).
57 SV III, SW 20, 19 (Wilflingen, 12. Februar 1981).
58 Brunfelsia ist eine Pflanzengattung aus der Familie der Nachtschattengewächse.
59 Rosenkäfer.
60 SJ, SW 10, 264f. (o. D.).
61 Mittelalterliche Körperpanzerung.
62 SV IV, SW 7, 22 (Wilflingen, 18. März 1986).
63 SV II, SW 5, 430 (Wilflingen, 1. Oktober 1978).
64 SV IV, SW 21, 144 (Wilflingen, 17. März 1987).
65 Bezug wird im Text nicht klar, wahrscheinlich Gretha Jünger.
66 SV II, SW 5, 621 (Wilflingen, 15. Juni 1980).
67 SV V, SW 22, 554f. (Wilflingen, 14. März 1992).
68 SV IV, SW 21, 17 (Wilflingen, 20. Januar 1986).
69 SV II, SW 5, 55 (Wilflingen, 20. November 1971).
70 KB, SW 3, 301 (Saint-Dié, 28. August 1944).

IN DEN TROPEN

1 SV IV, SW 7, 31 (Kuala Lumpur, 9. April 1986).
2 SV III, SW 20, 23 (Im Flugzeug, 22. Februar 1981).
3 AF, SW 6, 112f. (An Bord, 25. Oktober 1936).
4 SV I, SW 4, 63 (An Bord, 8. Juli 1965)..
5 SV I, SW 4, 65 (An Bord, 9. Juli 1965).
6 SV I, SW 4, 368 (An Bord, 6. Dezember 1966).
7 AF, SW 6, 115 (An Bord, 30. Oktober 1936).
8 SV I, SW 4, 201 (An Bord, 13. September 1965).
9 AF, SW 6, 118 (An Bord, 4. November 1936).
10 Trachyderes succinctus ist eine Käferart aus der Familie der Bockkäfer (Cerambycidae).
11 AF, SW 6, 137f. (Santos, 17. November 1936).
12 SV I, SW 4, 83f. (An Bord, 19. Juli 1965).
13 Der Toba-See liegt im Norden der Insel Sumatra.
14 Berthold Seemann, »Die Palmen. Populäre Naturgeschichte derselben«, Leipzig 1863. Berthold Seemann (1825-1871) hatte Alexander von Humboldt vorab die Bögen seines Buches geschickt und gebeten, es ihm widmen zu dürfen. Im Vorwort druckt er Humboldts Antwortschreiben vom 18. 6. 1855 ab, in dem dieser dem Abdruck nicht nur zustimmt, sondern gleich zwei Korrekturen und kleine Ergänzungen mitteilt.
15 Carl Ritter (1779-1859), »Die geographische Verbreitung der Dattelpalme«, in: ders.: »Die Erdkunde im Verhältniß zur Natur und zur Geschichte des Menschen [...]«, 19 Theile in 21 Bänden, Theil 13, Buch 3: West-

Asien, Bd. 8, Abth. 1 Fortsetzung: Die Halbinsel Arabien, 2., stark vermehrte und umgearbeitete Ausgabe, Berlin 1847, S. 760-771.

16 SV IV, SW 21, 69f. (Siantar, 25. April 1986).

17 SV III, SW 20, 25 (Singapur, 24. Februar 1981).

18 SV III, SW 20, 29 (Singapur, 28. Februar 1981).

19 AF, SW 6, 119 (An Bord, 5. November 1936).

20 SJ, SW 10, 120f. (o. D.).

21 SV I, SW 4, 169 (An Bord, 28. August 1965).

22 Die Hülsenfrüchtler sind eine artenreiche Pflanzenfamilie und gehören zur Ordnung der Schmetterlingsblütenartigen.

23 AF, SW 6, 129 (An Bord, 13. November 1936).

24 Die Kassien sind eine Pflanzengattung in der Unterfamilie Caesalpinioideae innerhalb der Familie der Hülsenfrüchtler.

25 Der Flammenbaum (Delonix regia) ist eine Pflanzenart aus der Unterfamilie der Johannisbrotgewächse (Caesalpinioideae).

26 Der Pfauenstrauch (Caesalpinia pulcherrima), der auch »Stolz von Barbados« genannt wird, ist eine Pflanzenart aus der Familie der Hülsenfrüchtler.

27 SV I, SW 4, 136f. (Kaohsiung, 13. August 1965).

28 Die Bromeliengewächse, auch Ananasgewächse genannt, sind eine Pflanzenfamilie in der Ordnung der Süßgrasartigen innerhalb der einkeimblättrigen Pflanzen.

29 Araceen (auch Arongewächse) sind eine vielgestaltige Pflanzenfamilie aus der Ordnung der Kolbenblütler.

30 AF, SW 6, 133-135 (Santos, 17. November 1936).

31 SV I, SW 4, 102 (Manila, 28. Juli 1965).

32 AF, SW 6, 150 (An Bord, 19. November 1936).

33 Bananengewächse.

34 Der Baum der Reisenden (Ravenala madagascariensis) ist die einzige Pflanzenart der Gattung Ravenala aus der Familie der Strelitziengewächse.

35 Die Sandlaufkäfer des Genus Manticora sind die größten dieser Unterfamilie.

36 SJ, SW 10, 141-144 (o. D.).

37 Henry Morton Stanley (1841-1904), »Durch den dunkeln Welttheil oder die Quellen des Nils, Reisen um die grossen Seen des aequatorialen Afrika und den Livingstone-Fluss abwärts nach dem atlantischen Ocean«, aus dem Englischen von C. Böttger, Leipzig 1878.

38 Der Viktoriasee.

39 SV I, SW 4, 147f. (Kaohsiung, 14. August 1965).

40 SV I, SW 4, 325 (Quilumbo, 26. Oktober 1966).

41 SV I, SW 4, 358 (Quilumbo, 25. November 1966).

42 SV I, SW 4, 330 (Quilumbo, 1. November 1966).

43 SV I, SW 4, 355 (Quilumbo, 21. November 1966).

44 SV I, SW 4, 81 (Port Swettenham, 18. Juli 1965).

45 Johann Wolfgang von Goethe, »Faust I«, V. 460.
46 Lebendgebärend.
47 SV I, SW 4, 74f. (Penang, 17. Juli 1965).
48 SV I, SW 4, 96f. (Manila, 25. Juli 1965).
49 SV I, SW 4, 138 (Kaohsiung, 14. August 1965).
50 SV II, SW 5, 236 (Agadir, 6. Juni 1975).
51 Eduard W. Diehl (1917- 2003) war ein deutscher Arzt und Entomologe, der auf Sumatra lebte und mit Ernst Jünger befreundet war.
52 Der Zoologe Johann Christian Fabricius (1745-1808) gilt als der Begründer der wissenschaftlichen Entomologie.
53 SV IV, SW 21, 72f. (Siantar, 25. April 1986).
54 AF, SW 6, 125f. (An Bord, 9. November 1936).
55 Eine Spezialität der kreolischen Küche der Seychellen. Die Tec-tec-Suppe enthält als Einlage winzige Muscheln.
56 SV IV, SW 21, 286f. (Mahé, 8. Mai 1988).
57 SV IV, SW 21, 39f. (Fraser's Hill, 14. April 1986).
58 Gemeint ist der Staatsrechtler Carl Schmitt.
59 SV I, SW 4, 80 (Port Swettenham, 18. Juli 1965).
60 SV IV, SW 21, 157 (Samos, abends [17. Mai 1987]).
61 Rudolf Spohr, Kompanieführer Ernst Jüngers im Zweiten Weltkrieg.
62 GS, SW 2, 178 (Montmirail, 18. Juni 1940).
63 Hermann Ludwig Heinrich Graf von Pückler-Muskau (1785-1871) war Landschaftsarchitekt und Schriftsteller. Die Formulierung dieses »Wunsches« nach Abschluss einer Parkanlage durch einen fernen Hintergrund findet sich immer wieder im ersten Teil seiner »Andeutungen über Landschaftsgärtnerei[,] verbunden mit der Beschreibung ihrer praktischen Anwendung in Muskau«, Leipzig 1834.
64 SV IV, SW 21, 76f. (Siantar, 27. April 1986).
65 ADGM, SW 6, 94 (Mondello, 22. April 1929).
66 So unter anderem in dem von Jünger viel benutzten Meyer'schen Konversationslexikon.
67 Canehl-Zimt wird auch als echter Zimt oder Ceylon-Zimt bezeichnet. Er besteht aus mehreren Lagen der sehr fein geschälten Rinde des Canehlstrauches.
68 SV I, SW 4, 192f. (An Bord, 11. September 1965).
69 SV IV, SW 21, 91f. (Kuala Lumpur, 4. Mai 1986).
70 Bundesstaat im Norden Brasiliens und im Gebiet des Amazonas.
71 AF, SW 6, 123f. (An Bord, 7. November 1936).
72 SV I, SW 4, 158f. (Manila, 19. August 1965).

IM NORDEN

1 Charles Théodore Henri De Coster (1827–1879) war ein belgischer Schriftsteller. Sein Hauptwerk ist der »Ulenspiegel« (1867).

2 SV I, SW 4, 208f. (Rotterdam, 5. Oktober 1965).

3 SV I, SW 4, 522 (London, 12. August 1968).

4 Die Spiersträucher sind eine Pflanzengattung in der Unterfamilie Spiraeoideae aus der Familie der Rosengewächse.

5 Weideröschen.

6 IS, SW 6, 466f. (o. D.).

7 SV I, SW 4, 45 (An Bord, 24. Juni 1965).

8 SV I, SW 4, 55f. (An Bord, 30. Juni 1965).

9 SV I, SW 4, 46 (An Bord, 25. Juni 1965).

10 MY, SW 6; 42f. (An Bord, 9. Juli 1935).

11 Anspielung auf das »Möwenlied« aus Christian Morgensterns »Galgenlieder« (1905).

12 IS, SW 6, 469 (o. D.).

13 Die Lummen sind eine zwei Arten umfassende Vogelgattung, die zu den Alkenvögeln gehört. Diese Meeresvögel sind auf der Nordhalbkugel weit verbreitet.

14 IS, SW 6, 484f. (o. D.).

15 SV IV, SW 21, 82 (Siantar, 30. April 1986).

16 SV I, SW 4, 504 (Borgarnes, 29. Juli 1968).

17 EPT, SW 2, 341 (Paris, 2. Juli 1942).

18 Die Stymphaliden sind kranichgroße Vögel der griechischen Mythologie. Sie lebten am arkadischen See Stymphalos und stellten eine Plage dar, weil sie ihre Federn wie Pfeile auf Menschen abschossen und die Ernte vernichteten. Herakles vertrieb und tötete sie.

19 MY, SW 6, 56 (Eidsbygda, 29. Juli 1935).

20 Johann Heinrich Parow, ein nach Norwegen ausgewanderter Arzt, der Jünger dort empfing, erscheint im Reisetagebuch Myrdun als »Celsus«.

21 MY, SW 6, 61f. (Eidsbygda, 31. Juli 1935).

22 Napfschnecken.

23 MY, SW 6, 74 (Eidsbygda, 14. August 1935).

24 MY, SW 6, 53f. (Eidsbygda, 22. Juli 1935).

25 MY, SW 6, 49f. (Eidsbygda, 19. Juli 1935).

26 KA, SW 2, 444 (Kurinskij, 13. Dezember 1942).

27 KA, SW 2, 449 (Kurinskij, 16. Dezember 1942).

28 KA, SW 2, 475 (Teberda, 4. Januar 1943).

29 MY, SW 6, 78f. (Eidsbygda, 20. August 1935).

30 IS, SW 6, 468 (o. D.).

31 SV I, SW 4, 515 (Akureyri, 6. August 1968).

32 MY, SW 6, 77 (Eidsbygda, 20. August 1935).

33 Das Fell abziehen.
34 SV I, SW 4, 570 (Wilflingen, 22. Juli 1969).
35 Vgl. Fußnote 145: die Ehefrau von Johann Heinrich Parow.
36 MY, SW 6, 79f. (Eidsbygda, 20. August 1935).
37 MY, SW 6, 45f. (Eidsbygda, 15. Juli 1935).
38 SV IV, SW 21, 344 (Wilflingen, 20. Februar 1989).
39 Berg in den Allgäuer Alpen.
40 IS, SW 6, 494 (o. D.).
41 SV I, SW 508f. (Laugarvath, 31. Juli 1968).
42 ST, SW 12, 310f. (o. D.).
43 MY, SW 6, 80 (Eidsbygda, 20. August 1935).
44 MY, SW 6, 83f. (An Bord, 26./27. August 1935).
45 IS, SW 6, 487 (o. D.).
46 IS, SW 6, 489f. (o. D.).
47 SV IV, SW 21, 16 (Wilflingen, 18. Januar 1986).
48 In dem 1611 entstandenen Text »Strena seu de nive sexangula« untersuchte Johannes Kepler die Konstruktionsprinzipien von Schneeflocken, Bienenwaben und Granatapfelkernen.
49 IS, SW 6, 484 (o. D.).
50 SV II, SW 5, 45 (Paris, 31. Mai 1971).
51 SV I, SW 4, 509 (Laugarvath, 1. August 1968).
52 IS, SW 6, 486 (o. D.).
53 IS, SW 6, 490 (o. D.).
54 IS, SW 6, 497f. (o. D.).
55 ST, SW 12, 312 (o. D.).
56 SV I, SW 4, 519 (Skogar, 9. August 1968).
57 SV II, SW 5, 264 (Wilflingen, 18. Dezember 1975).
58 SV IV, SW 21, 362 (Wilflingen, 3. August 1989); Selbstzitat Jüngers aus einem Zettelkasten.
59 SV III, SW 20, 320 (Wilflingen, 5. Februar 1984).
60 SV III, SW 20, 583f. (Im Zuge, 13. Dezember 1985).
61 MY, SW 6; 87f. (An Bord, 26./27. August 1935).
62 SV I, SW 4, 521 (London, 11. August 1968).
63 Yggdrasil (Weltesche) ist in der nordischen Mythologie der Name einer Esche, die als Weltenbaum den gesamten Kosmos verkörpert.
64 Asgard (altnordisch »Ásgarðr«) ist der Wohnort des Göttergeschlechts der Asen.
65 SV II, SW 5, 639 (Wilflingen, 25. Dezember 1980).

IN GÄRTEN

1 Wäldchen 125, SW 1, 346f. (o. D.).

2 Der Schriftsteller und Naturforscher Adelbert von Chamisso (1781-1838) war seit 1819 Kustos am Königlichen Herbarium in Berlin. Sein eigenes Herbarium wurde im Zweiten Weltkrieg zerstört.

3 Georg Schweinfurth (1836-1925) war ein russisch-baltendeutscher Afrikaforscher. Er wurde im Botanischen Garten von Berlin-Dahlem beigesetzt.

4 Heinrich Gustav Adolf Engler (1844-1930) unternahm in seinem Werk »Das Pflanzenreich« (ab 1900) den Versuch, die Vegetation der Welt zusammenzufassen. Bis 1953 sind davon 107 Bände erschienen.

5 Gustav Hegi (1876-1932) war ein Schweizer Botaniker. Zwischen 1908 und 1931 gab er die »Illustrierte Flora von Mittel-Europa« heraus.

6 Victoria ist eine Pflanzengattung in der Familie der Seerosengewächse (Nymphaeaceae), die aufgrund ihrer Blattgröße »Riesenseerosen« genannt werden. Victoria regia ist die Amazonas-Riesenseerose (auch Victoria amazonica).

7 Aristolochia grandiflora (Großblumige Pfeifenblume) ist eine Pflanzenart aus der Gattung der Pfeifenblumen, deren Verbreitungsgebiet von Mittelamerika bis ins nördliche Südamerika reicht.

8 SJ, SW 10, 149-151 (o. D.).

9 SV IV, SW 21, 20 (Wilflingen, 24. Februar 1986).

10 Oskar und Magdalena Heinroth, »Die Vögel Mitteleuropas. In allen Lebens- und Entwicklungsstufen photographisch aufgenommen und in ihrem Seelenleben bei der Aufzucht vom Ei ab beobachtet«, Berlin 1924–1934.

11 SV III, SW 20, 116 (Wilflingen, 23. Januar 1982).

12 SV II, SW 5, 365 (Wilflingen, 2. Januar 1978).

13 SV II, SW 5, 446 (Wilflingen, 12. Februar 1979).

14 SV V, SW 22, 111 (Wilflingen, 7. Februar 1993).

15 SV V, SW 22, 214 (Wilflingen, 17. März 1996).

16 SV III, SW 20, 365f. (Wilflingen, 6. Juni 1984).

17 Charon heißt der mythologische Fährmann, der die Toten in einem Boot über den Totenfluss bringt.

18 SV II, SW 5, 594 (Wilflingen, 15. April 1980).

19 SV V, SW 22, 28 (Wilflingen, 5. April 1991).

20 SV III, SW 20, 284 (Wilflingen, 10. April 1983).

21 SV II, SW 5, 11 (Wilflingen, 3. April 1971).

22 SV II, SW 5, 12 (Heppenheim, 22. April 1971).

23 GS, SW 2, 47 (Kirchhorst, 10. Mai 1939).

24 SV III, SW 20, 402 (Wilflingen, 3. August 1984).

25 SV III, SW 20, 380f. (Wilflingen, 1. Juli 1984).

26 EPT, SW 2, 328f. (Kirchhorst, 18. Mai 1942).

27 Errantier sind frei bewegliche Meereswürmer.
28 Pfeilwürmer, Meeresbewohner.
29 GS, SW 2, 37f. (Kirchhorst, 18. April 1939).
30 GS, SW 2, 29f. (Kirchhorst, 5. April 1939).
31 SV II, SW 5, 250 (Wilflingen, 14. August 1975).
32 ST, SW 12, 316 (o. D.).
33 SV I, SW 4, 379 (Wilflingen, 8. April 1967).
34 SV IV, SW 7, 166 (Wilflingen, 7. Juni 1987).
35 SV III, SW 20, 375 (Wilflingen, 21. Juni 1984).
36 Ein berühmtes Langgedicht von Arthur Rimbaud. Es spielte in Jüngers Lektüre- und Denkgeschichte eine wichtige Rolle.
37 SV II, SW 5, 629 (Wilflingen, 12. Juli 1980).
38 SV III, SW 20, 535 (Wilflingen, 18. August 1985).
39 SV III, SW 20, 542 (Wilflingen, 1. September 1985).
40 SV V, SW 22, 83 (Magadino, 23. August 1992).
41 SV IV, SW 21, 305f. (Wilflingen, 23. Juli 1988).
42 Ein Cargo-Kult ist eine religiöse Bewegung aus Melanesien. Die Anhänger dieser Kulte leben von der Erwartung der Wiederkehr der Ahnen, die westliche Waren mit sich bringen sollen.
43 SV V, SW 22, 89 (Wilflingen, 16. September 1992).
44 SV V, SW 22, 189 (Wilflingen, 15. Juli 1995).
45 SV III, SW 20, 482f. (Wilflingen, 14. Januar 1985).
46 SV III, SW 20, 80f. (Wilflingen, 30. Juni 1981).
47 SV II, SW 5, 374 (Wilflingen, 28. März 1978).
48 SV II, SW 5, 634 (Wilflingen, 29. Juli 1980).
49 SV III, SW 20, 262 (Wilflingen, 1. März 1983).
50 Langjährige Haushälterin im Hause Jünger und Freundin der Familie.
51 SV V, SW 22, 85f. (Wilflingen, 8. September 1992).
52 Der preußische Pastor Knaak war ein strenggläubiger Protestant, der noch 1868 gegen Kopernikus argumentierte, die Sonne wandere um die Erde. Brehms Invektiven richteten sich gegen Knaak als Vertreter eines irregeleiteten christlichen Fundamentalismus.
53 »Brehms Tierleben«, zweite umgearbeitete und vermehrte Auflage, Vierte Abtheilung - Wirbellose Tiere, Erster Band »Die Insekten, Tausendfüßler und Spinnen«, Leipzig 1884, S. 541: »Bei unserer Mantis lauert hinter jener Stellung, welche bei einem Menschen Andacht bedeuten kann, nur Tücke und Verrath.«
54 SV II, SW 5, 306-309 (Wilflingen, 12. Mai 1977).
55 SV V, SW 22, 42f. (Wilflingen, 18. August 1991).
56 SV IV, SW 21, 101 (Wilflingen, 9. Mai 1986).
57 Gretha Jünger (geb. von Jeinsen, 1906-1960) war die erste Frau Ernst Jüngers.
58 SV I, SW 4, 380 (Wilflingen, 1. Juni 1967).

59 SV IV, SW 21, 111 (Wilflingen, 19. Juni 1986).
60 SV I, SW 4, 22 (Wilflingen, 13. Mai 1965).
61 »Immer Rebhuhn«, Ausdruck der Übersättigung.
62 SV III, SW 20, 148 (Wilflingen, 10. Juni 1982).
63 Die Braunwurzen sind eine Pflanzengattung in der Familie der Braunwurzgewächse.
64 SV I, SW 4, 493 (Wilflingen, 25. Juni 1968).
65 SV I, SW 4, 28 (Wilflingen, 31. Mai 1965).
66 SV II, SW 5, 611 (Wilflingen, 12. Mai 1980).
67 SV IV, SW 21, 187 (Wilflingen, 8. Juli 1987).
68 SV III, SW 20, 445 (Wilflingen, 17. Oktober 1984).
69 Figur aus E.T.A. Hoffmanns Erzählung »Die Bergwerke zu Falun«, die dem Zyklus der »Serapionsbrüder« angehört.
70 SV III, SW 20, 415 (Wilflingen, 28. August 1984).
71 SV IV, SW 21, 297f. (Wilflingen, 25. Mai 1988).
72 ZPT, SW 3, 78 (Kirchhorst, 3. Juni 1943).
73 SV II, SW 5, 247 (Wilflingen, 5. Juli 1975).
74 Selenicereus grandiflorus ist eine Pflanzenart der Gattung Selenicereus aus der Familie der Kakteengewächse.
75 SV V, SW 22, 523f. (Wilflingen, 9. Juli 1991).
76 SV III, SW 20, 451 (Wilflingen, 24. Oktober 1984).
77 SV II, SW 5, 626 (Wilflingen, 19. Juni 1980).
78 SV III, SW 20, 389 (Wilflingen, 15. Juli 1984).
79 Eine französische Stadt im Elsass.
80 ZPT, SW 3, 114f. (Paris, 2. August 1943).
81 EPT, SW 2, 381 (Paris, 18. September 1942).
82 Ein Park im 16. Arrondissement von Paris.
83 Henrys Lilie ist eine Art aus der Gattung der Lilien in der Sektion Sinomartagon.
84 ZPT, SW 3, 106 (Paris, 18. Juli 1943).
85 SV III, SW 20, 298 (Montpellier, 23. Juli 1983).
86 Der Parc de Bagatelle ist ein Park mit einem kleinen Schloss im Pariser Bois de Boulogne.
87 EPT, SW 2, 363 (Paris, 12. August 1942).
88 Jüngers Pariser Freundin Sophie Ravoux.
89 Wandelröschen.
90 EPT, SW 2, 371 (Paris, 30. August 1942).
91 EPT, SW 2, 374 (Paris, 9. September 1942).
92 ZPT, SW 3, 42 (Paris, 17. April 1943).
93 ZPT, SW 3, 164 (Paris, 2. Oktober 1943).
94 SV I, SW 4, 129f. (An Bord, 3. bis 12. August 1965).
95 Eine Pyramide des mittelamerikanischen Kulturraums.
96 SV IV, SW 21, 115 (Wilflingen, 15. Juli 1986).

97 SV IV, SW 21, 193f. (Wilflingen, 2. August 1987).
98 SV I, SW 4, 279 (Wilflingen, 6. August 1966).
99 SV II, SW 5, 323f. (Überlingen, 9. Juli 1977).
100 SV III, SW 20, 159 (Wilflingen, 16. Juli 1982).
101 SV I, SW 4, 381 (Wilflingen, 27. Juni 1967).
102 SV II, SW 5, 317f. (Wilflingen, 8. Juni 1977).
103 Gemeint ist der Chemiker und Entdecker des LSD, Dr. Albert Hofmann (1906-2008), mit dem Jünger gut befreundet war.
104 SV II, SW 5, 502 (Wilflingen, 25. Juli 1979).
105 Jean de La Fontaine, »Fables«, Livre 1, »La cigale et la fourmi«.
106 SV IV, SW 21, 204 (Wilflingen, 19. August 1987).
107 SV I, SW 4, 525 (Wilflingen, 4. September 1968).
108 KB, SW 3, 308 (Kirchhorst, 4. Oktober 1944).
109 SV V, SW 22, 51 (Wilflingen, 3. Oktober 1991).
110 HiW, SW 3, 521f. (Kirchhorst, 27. August 1945).
111 HiW, SW 3, 580 (Kirchhorst, 13. November 1945).
112 SV IV, SW 21, 378f. (Wilflingen, 4. Oktober 1989).
113 SV I, SW 4, 604 (Wilflingen, 6. September 1970).
114 SV V, SW 22, 203 (Wilflingen, 26. Oktober 1995).
115 SV IV, SW 21, 472 (Wilflingen, 9. Oktober 1990).
116 SV II, SW 5, 277 (Wilflingen, 19. Oktober 1976).
117 NO, SW 12, 254 (o. D.).
118 Figur der griechischen Mythologie. Verdammter des Hades, der auf ewig ein Seil flechten muss, das immer wieder von einer Eselin gefressen wird.
119 SV IV, SW 21, 226 (Wilflingen, 26. Oktober 1987).
120 SV I, SW 4, 565f. (Wilflingen, 12. April 1969).
121 SV I, SW 4, 217 (Wilflingen, 1. November 1965).
122 GS, SW 2, 214 (Gondreville, 17. Juli 1940).
123 SV I, SW 4, 604 (Wilflingen, 30. August 1970).
124 SV II, SW 5, 429 (Wilflingen, 27. September 1978).
125 Eugen Otto Wilhelm Ruhland (1878-1960) war ein deutscher Botaniker. Seit 1922 war Ruhland Professor für Botanik an der Universität Leipzig, ab 1947 in Erlangen. Er war Herausgeber des 18-bändigen »Handbuch der Pflanzenphysiologie« (1955-1967).
126 SV V, SW 22, 193 (Wilflingen, 20. August 1995).
127 Die bedecktsamigen Pflanzen (Magnoliopsida), auch Bedecktsamer oder Angiospermen, manchmal auch im engeren Sinne als »Blütenpflanzen« bezeichnet.
128 SV I, SW 4, 526 (Wilflingen, 17. September 1968).
129 SV III, SW 20, 138 (Wilflingen, 14. Mai 1982).

SIGLENVERZEICHNIS

Die Jahreszahlen im Siglenverzeichnis beziehen sich auf die jeweils erste Buchhandelsausgabe bzw. auf das Datum des Erstdrucks.

ADGM	Aus der Goldenen Muschel (1944)
AF	Atlantische Fahrt (1947)
AS	Am Sarazenenturm (1955)
DA	Dalmatinischer Aufenthalt (1934)
EI	Ein Inselfrühling (1948)
EPT	Das erste Pariser Tagebuch (= Strahlungen I) (1949)
FUB	Feuer und Blut (1925)
GS	Gärten und Straßen (= Strahlungen I) (1942)
HS	Herbst auf Sardinien (1983)
HIW	Die Hütte im Weinberg (= Strahlungen II) (1958)
IS	In Spitzbergen (1982)
IST	In Stahlgewittern (1920)
KA	Kaukasische Aufzeichnungen (= Strahlungen I) (1949)
KB	Kirchhorster Blätter (= Strahlungen II) (1949)
MY	Myrdun (1943)
NO	November (1959)
SJ	Subtile Jagden (1967)
SP	San Pietro (1957)
ST	Steine (1966)
SV I–V	Siebzig verweht I–V (= Strahlungen III–VII) (1980–1997)
SW	Sämtliche Werke
VA	Ein Vormittag in Antibes (1960)
ZPT	Das zweite Pariser Tagebuch (= Strahlungen II) (1949)

DANKSAGUNG

Der Herausgeber dankt seiner Frau Dorothée Pschera und seinem Freund Thomas Bantle für gewissenhafte Lektüre.